THE POWER OF MEANING

Crafting a Life That Matters

活出意义来

营造生活的艺术

[加拿大] 埃米利·伊斯法哈尼·史密斯 著　邓琪 译

中信出版集团 | 北京

图书在版编目（CIP）数据

活出意义来 /（加）埃米利·伊斯法哈尼·史密斯著；邓琪译 . —北京：中信出版社，2021.11

书名原文：The Power of Meaning: Crafting a Life That Matters

ISBN 978-7-5217-3443-0

I. ①活… II. ①埃… ②邓… III. ①人生哲学 - 通俗读物 IV. ① B821-49

中国版本图书馆 CIP 数据核字（2021）第 160246 号

活出意义来
著者：［加拿大］埃米利·伊斯法哈尼·史密斯
译者：邓 琪
出版发行：中信出版集团股份有限公司
（北京市朝阳区惠新东街甲 4 号富盛大厦 2 座 邮编 100029）
承印者：中国电影出版社印刷厂

开本：880mm×1230mm 1/32 印张：7.25 字数：148 千字
版次：2021 年 11 月第 1 版 印次：2021 年 11 月第 1 次印刷
京权图字：01–2019–7066 书号：ISBN 978–7–5217–3443–0
定价：48.00 元

人生的意义何在？这是一个简单的问题。多年以来，一个个疑问接踵而至，但伟大的启示始终没有到来，也许，那伟大的启示从未来过。相反，日常里微小的奇迹、启发和火花会在黑暗中不期而至。而这就是其一。

—— 弗吉尼亚·伍尔夫

目 录

引　言

我家住在蒙特利尔市中心，父母在家里设了苏菲派信徒会堂。每到星期四和星期日晚上，都会有一群修行者聚集于此。苏菲教派是伊斯兰教的神秘主义教派，我父母属于尼玛图拉希苏菲教派。尼玛图拉希苏菲教派起源于14世纪的伊朗，目前在全世界都设有会堂。每隔一周，苦行僧或教友们就会坐在地上冥想数小时。伴着传统的伊朗苏菲派音乐，他们双眼闭合，下巴抵着胸口，在心里默念真主的名字。

在会堂生活对于一个孩子来说相当有吸引力。墙上挂着我父亲雕刻的阿拉伯字母木雕。茶一直热着，空气中弥漫着佛手柑的清香。信徒们结束冥想后，我母亲会端上茶来，准备好枣子，或者用玫瑰水、藏红花、豆蔻和蜂蜜制成的伊朗甜食。有时候由我来奉茶，在每位苦行僧面前一一弯腿的时候，我总要小心地端平那些盛满了杯子、杯托和方糖的托盘。

苦行僧们喜欢把方糖在杯口中点一下，放进口中，再喝一口茶。他们喜欢吟唱中世纪圣哲们的诗章。正如诗人鲁米有言：“自我被从芦苇地里收割/我的悲歌总让人们流泪。”又有阿塔尔写道：“一旦爱从灵魂中发声，就离开自我吧，在那个旋涡中，我们的生活已毁于一旦。”他们也喜欢一起静静地坐着，在悄无声息的沉思中感念真主。

苦行僧称苏菲教派为“爱之路”，那些在路上的人正走在接近真主的旅途中，真主召唤他们放弃自我，永远铭记和敬爱真主。对于苏菲派教徒来说，爱真主意味着爱万物生灵，爱每一个人。慈爱是他们行为的中心准则。我们刚搬到蒙特利尔的新家时，北美各地的苏菲派教徒们都来我们家待了几天，帮助我父母把原本是律师事务所的地方变成了适合教徒聚会的空间。如果晚上有流浪汉敲我们的门，想要点食物和一个留宿之处，我们都会欢迎他进来。有一次，我父亲赞美一位苦行僧脖子上的围巾，那个人高兴地把围巾当作礼物送给了我父亲（从那以后，家里有了共识，我们想要赞美一位苦行僧的私有物时，需要十分谨慎）。

在一些特殊场合，譬如导师来访或邀请新的苦行僧入教团时，来自加拿大和美国的苏菲派教徒们会聚集在会堂数日，在冥想室或图书室的任何角落垫着薄薄的坐垫入睡。那时候，夜里充斥着隆隆的鼻鼾声，白天厕所门口排着长长的队，但似乎没人为此感到困扰。苦行僧们的生活充满了欢乐和温馨。尽管连续几周每天都要花好几个小时做冥想，他们也会一边用波斯乐器演奏经典苏菲派音乐，一边随着音乐吟唱苏菲教派的诗歌。我坐在破烂的毯子上听着音乐和诗歌，像他们那样把方糖放进茶中蘸一下，也学着像他们一样冥想。

正规的仪式也融入了苏菲派教徒们的日常生活。苦行僧们相互问候时要说“Ya Haqq”（真理），同时把手放在一起，合成一个心形并亲吻这颗心。进入或离开冥想室时，他们会用手指贴着地板，而后放到唇上，“亲吻”地面。当母亲和其他教徒在准备伊朗菜品时，苦行僧们围着地板上的餐桌布席地而坐。我帮忙摆放餐具，然后和父母一起等到所有苦行僧都入座后才坐下。苏菲教徒们安安静静地进食。通常没有人会在吃饭时说话，除非导师先开口；大家也默契地在导师吃完饭之前把自己的食物都吃完，这样就不会让导师久等（然而，导师通常都吃得很慢，不会让吃饭较慢的教徒感到局促）。这些谦恭的仪式对苏菲派教徒十分重要，这样才能帮助他们放下自我。在苏菲派的教义中，“自我”被认为是学会爱的障碍。

这样的生活吸引了很多苦行僧，他们之中有很多人离开了伊朗或其他压抑的社会，来到加拿大和美国生活。一些穆斯林认为苏菲派信众是神秘派异教徒，所以在今天的中东地区，苏菲派教徒依然备受压迫。尽管我认识的苏菲派教徒们大都过着艰辛的生活，但他们依旧对未来充满期待。苏菲派教徒们严格的灵修，强调克己、修行、慈悲、安慰和愉悦的信条，都让他们的灵魂得到升华，也让他们感到生活充满意义。

在我们家冥想的苏菲派教徒们是漫长的人类灵修史的一部分。人类远在存在之初，就已渴望了解是什么为生命赋予了意义。四千年前的《吉尔伽美什史诗》，这部人类文学史上的伟大作品，讲述了一个英雄在知道自己终会死去的情况下探索如何度过余生的经历。在吉尔伽美什的传奇故事流传的千百年中，人们对如何度过有限的生命的追问从未停止过。哲学、宗教、自然科学、文学和艺术的兴起一定程度上可以看作对以下两个问题的回应："存在的意义是什么?""我如何能度过有意义的人生?"

第一个疑问延伸出一些重大问题。世界是怎么形成的？生命的意义和目的是什么？是否存在超越物质的东西（譬如神和圣灵）为我们的生命赋予意义？

第二个疑问是在生命中寻找意义。我应秉持什么样的价值观生活？干什么事业、建立什么人际关系、参加什么活动才能给我带来满足感？我应该选择哪条路？

纵观历史，宗教和精神体系可以就以上两个问题做出回答。在大多数的传统中，生命的意义在于上帝，或者修行者们渴望与之结合的某种终极现实。遵循道德准则并进行冥想、斋戒和慈善活动，可以帮助修行者更加贴近真理，为其日常生活赋予意义。

当然，数以亿计的人依然从宗教中寻找意义。但在发达国家，宗教不再像从前那样居于统治地位。虽然在美国，仍有许多人信仰上帝，但很少有人规律地去教堂做祷告或拥有宗教归属，人们认为宗教在日常生活中的重要性越来越小。如果说宗教曾经是通往意义的默认途径，那么现在它只是一些人的通道之一，因为文化变迁让许多心灵漂泊不定。不论是否有信仰，对芸芸众生来说，追寻人生的意义都迫在眉睫——同样也更加困难。

我的父母最终搬离了苏菲会堂。移居美国后，忙碌的生活让我们无法进行冥想仪式、唱歌、喝茶等活动。但我从来没有停止过寻找意义。在我的青少年时期，探索意义的渴望让我接触了哲学。如何活得有意义一度是哲学课的中心问题，从亚里士多德到尼采，无数思想家对此发表了见解。但上大学之后，我很快发现学术哲学几乎已经放弃探寻上述问题的答案了，取而代之的是解决深奥的或技术性的问题，譬如意识的本质或电脑的哲学。

同时，我察觉我所在的校园氛围让我失去了研究哲学的耐心。我的同学们都受成就一番事业的欲望驱使。他们从小生活在竞争激烈的世界里，积累各种卓越的奖章，上个好大学，然后进入著名的研究型院校或争取到一份华尔街的工作。他们抱着这样的目的选修课程和参与活动。等到毕业之时，他们聪慧的脑袋里已经填满了其他专业领域的知识技能，甚至比他们主修的专业学得还精细。我见过一些人可以对怎样改善第三世界国家的卫生健康侃侃而谈，对如何利用模型来预测大选结果滔滔不绝，对怎么“分解”文学文本颇有见解，但他们几乎都对如何使生活变得有意义一窍不通，或对除了挣钱和找到体面优越的工作之外还能怎么赋予生活更崇高的目的毫无头绪。除了和朋友偶然的交谈之外，他们没有任何专门谈论或深入探讨这些问题的平台。

不仅他们如此。随着大学学费攀高，大学文凭被视为获得稳定收入的入门券，现在许多人把教育当作获得工作的敲门砖，而非一个提升道德和获取智慧的机会。美国新生调查从 20 世纪 80 年代开始对大学生的价值观进行追踪研究。在 20 世纪 60 年代末，大学新生的优先目标是“发展有意义的人生哲学”。86%的受访者称这是“根本的”或“十分重要的”人生目标。到21世纪，他们的优先目的变成了“财务状况良好”，只有40%的受访者说意义是他们的首要目标。当然多数学生依旧对意义充满向往，但对意义的追寻不再是驱动他们接受教育的力量。

教育学生如何生活一度是美国高校的重要使命。美国建国之初，大学生需要接受扎实的古罗马文学和神学教育。他们按照学校设计的课程表选课，那些课程都是为了让他们认识到生命中什么最重要，让他们了解关于上帝和基督教的共同信念——这也为认识生命的意义打下了牢固的基础。但到了19世纪，驱使他们学习的信仰已经被腐蚀殆尽。耶鲁大学法学教授兼社会批评家安东尼·克朗曼写道：“尽管关于人生意义的宗教基础已被质疑，但详尽地、系统地探索人生的意义还是可能的。”

许多教授不仅认为这是可能的，还认为自己有义务让学生在这个方面得到启发。诚然，宗教已无法对人生终极问题做出明确的解答，但一些教育学家认为人文科学可以做到。比起让学生独自探寻意义，这些教授努力为学生打造一种浓厚、持久的文学艺术氛围。因此，到了19世纪中后期，许多大学生根据大学课程安排来选课，会发现部分课程内容十分重视文学和哲学著作的阅读，如荷马的《伊利亚特》、柏拉图的《对话》、但丁的《神曲》，以及塞万提斯、莎士比亚、蒙田、歌德和其他大师的作品。

学生们通过阅读这些作品和大师们对话，参与这场已进行了数千年的“伟大对话”。当需要对比什么是好生活时，他们有自己的见解，知道应该如何生活。《荷马史诗》中追逐荣耀的阿喀琉斯比但丁诗中的苦行僧活得更好？我们从亚里士多德关于道德的文章中可以领悟到生命的哪些意义？福楼拜的《包法利夫人》一书中揭示了爱和浪漫的哪些方面？简·奥斯汀的《爱玛》又如何？这些问题都没有固定答案。但通过这些共通的文化标准，学生和同学、教授或社群成员之间可以发展出一套共通的语言，用以探讨、辩论生命的意义。

但到了 20 世纪初，大环境再次发生变化。内战结束后，美国教育领域中出现了第一批研究所，这些机构效仿德国高校，把学术输出作为首要目的。为了达到这个目的，各个领域的研究遍地开花，并且每个领域都有各自严谨的、系统的、客观的方法论。教授们追求在自己领域里做高度专业的学术研究，而学生也选择一个专业，为毕业后的职业生涯做准备。最终，人文导向的大学课程表不再使用，学生从可选课程表单中自由选课。直到现在，大多数学校还是采用学生自由选课的教学方式。

学术研究理想冲击了“在大学教育中可以学会如何过有意义的人生”这一理念。学术研究强调术业有专攻，也就意味着探索意义这一命题在教授们看来已超出了其研究范围：他们认为自己不具备指导学生在意义探索方面的专业知识和权威。一些人则认为探索意义这个话题毫无必要，认为这种探索太幼稚，甚至有点尴尬。应该如何生活这一论题，毕竟涉及抽象的、个人的和道德层面的观念探讨。教授们认为，这个论题不应该在致力累积客观知识的大学里传授。“学术界逐渐达成一种共识，”一个教授在几年前写道，“教育者不应帮助学生去领悟有意义的人生观或帮助他们发展个性，而是应该帮助他们掌握某一学科的内容和方法论，帮助他们形成批判性思维。”

但近年来出现了一些有趣的现象。意义的探寻在大学里重新占据了一席之地，尤其在意想不到的领域——科学领域。过去几十年里，一群社会学家已经开始研究如何才能拥有美好的人生。

这些社会学家中有很多人从事积极心理学领域的研究。和社会学相似，积极心理学大体上是研究型院校的产物，调查结果来源于实证性研究，同时也吸收了大量人文学科的研究成果。积极心理学是由宾夕法尼亚大学的马丁·塞利格曼教授创立的学科。塞利格曼教授在当了几十年的研究心理学家后，最终承认自己的研究领域已出现危机。他和他的同事可以治疗抑郁、压抑和焦虑，但他意识到帮助人们战胜心魔和帮助他们过好日子是两码事。虽然心理学家承担着关心和研究人类精神世界的责任，但他们对人类的繁荣几乎一无所知。因此，塞利格曼教授于 1998 年召集他的同事一起研究，是什么让生活充满意义，是什么让我们感到值得生活下去。

社会学家们响应了塞利格曼教授的号召，但他们中很多人把研究方向转移到了一个既简单又貌似容易衡量的课题上：快乐。一些人研究快乐的好处，一些人研究影响快乐的因素，还有一些人研究如何提高我们日常生活的幸福感。概括地说，积极心理学创立的最初目的是研究如何拥有好的生活，但现在它已经变成了对快乐的实证性研究。关于快乐的学术研究遍地开花，并化身积极心理学领域的“代言人”，出现在大众面前。在 20 世纪 80 年代末、90年代初，每年都有数百篇关于快乐的学术研究出版；截至2014年，每年有超过一万篇相关的报告问世。

对心理学来说，这是个令人振奋的转变，引起了全社会的积极回应。主流媒体争相报道新的研究成果，企业家开始通过创办公司和开发应用程序把这种成果变现，一大波名人、私人教练和励志讲师争先恐后地分享获得快乐的福音，而普通人被这种潮流彻底洗脑。据《今日心理学》报道，2000年出版的关于快乐的书籍只有50多本；到2008年，已飙升至4000多本。当然人们一直以来都热衷于追求快乐，但研究者的努力和公众的关注对快乐的探索有深远影响：据谷歌搜索显示，自2005年至今，公众对快乐的关注增加了两倍。朗达·拜恩在她2006年的畅销书《秘密》中写道："想得到生命中一切事物的捷径，是此时此刻就快乐起来！"

但对快乐的狂热有一个很大的问题：它没能履行承诺。虽然关于快乐的市场依旧增长，但整个社会却比以前更加痛苦了。实际上，社会学家揭示了一个可悲的具有讽刺意味的现象：追求快乐，反而让人更不快乐。

对传统人文学科的学生来说，出现这样的现象一点也不意外。哲学家们一直以来都对快乐本身的价值存疑。19世纪的哲学家约翰·斯图尔特·密尔写道："做一个不满足的人类胜于做一只满足的猪；做不满足的苏格拉底胜于做一个愚人。"对此哈佛哲学家罗伯特·诺奇克补充道："即使能做一个同时拥有快乐和深度的苏格拉底，我们也应该放弃一些快乐以获得深度。"

诺奇克对"快乐"持怀疑态度，他设计了一个思想实验来验证自己的观点。“想象一下，”诺奇克说道，“假如你可以住在一个罐子里，且可以在里面尝试任何一种你想要的体验。”这听起来有点像《黑客帝国》里的情景：“极其能干的神经心理专家用电极刺激你的大脑，让你感觉自己在写一本出色的小说，在认识新朋友，或者在看一本有趣的书。”随后，诺奇克问道，“你们愿意在大脑中植入这种芯片，预先编程好你们的人生经历吗？”

如果快乐真的是人生的终极目标，那大多数人就应该选择在罐子里快乐地生活。在那里，生活会十分容易，创伤、悲伤、损失都将永远关闭。你可以随时感到舒适，甚至感到自己很重要。你可以偶尔走出罐子，选择一些新体验植入大脑中。你不需要对是否植入某些体验感到犹豫不决或痛苦。“相比一辈子的快乐，几个不快的瞬间算得了什么呢？”诺奇克问道，“况且如果你觉得这是最好的选择，为什么还要因此而感到悲伤呢？”

如果你选择在罐子里度过一生，时时刻刻感觉到快乐，这代表你生活得很好吗？你会为自己和孩子选择这种生活吗？如果我们和多数人一样，认为快乐是我们的毕生追求，那罐子里的生活岂不是正好能够满足所有人的愿望？

理论上看这样做没错。但事实上大多数人拒绝在一个装满美好生活的罐子里生活。为什么呢？诺奇克认为，人们拒绝在“蜜罐”里生活的理由，是罐子里的快乐是不劳而获的，是空洞乏味的。在罐子里你可能会感到快乐，但你没有任何应该感到快乐的理由。你可能感觉良好，但实际上你的生活并不好。一个“漂浮在罐子里的人”，就像一团难以名状的物体，没有身份、事业、目标来为自己的生命带来价值。“我们更加在意内心如何感知事物，”诺奇克总结道，“与感到快乐相比，生命中还有更多值得追求的东西。”

在诺奇克2002年去世前，他一直在与马丁·塞利格曼还有其他同事制定积极心理学的目标和愿景。他们一开始就意识到以快乐为对象的研究相当有吸引力，且受媒体的追捧。他们有意识地避免让这个研究领域沦为塞利格曼口中的“快乐学”。相反，他们的使命是让人们科学地认识如何能过上有深度并感到满足的生活。这正是过去几年里越来越多的学者在做的事。他们在研究生命中值得追求的事物时，已不再局限于快乐这个因素。他们的一大研究成果，是快乐的人生和有意义的人生之间有明显的区别。

这种区别数千年前就见于哲学领域。哲学史上认为有两种途径可以通向美好生活。一种叫“欢乐”（hedonia），就是今天我们所说的“快乐”，与西格蒙德·弗洛伊德看法一致。“人类追求快乐并希望保持快乐。”弗洛伊德写道，并称之为“快乐原则”。他认为“快乐原则”决定着大多数人的生命意义。希腊哲学家亚里斯提卜，苏格拉底的学生，认为欢乐是美好生活的关键。亚里斯提卜说：“生活的艺术，在于及时行乐，真正的快乐并不是理智的，有时候甚至是不道德的。”几十年后，伊壁鸠鲁提出了相似的观点，认为美好人生存在于快乐之中。根据他的定义，快乐意味着不存在肉体和精神的痛苦（譬如焦虑）。这种主张在中世纪时遭到冷落，但18世纪又因为实用主义创始人杰里米·边沁而重新受到追捧。边沁坚信追求快乐是我们的核心动力。“天性把心灵置于两大统治者的管辖范围内，即快乐和痛苦。它们指出了我们应该做的事情，也决定了我们将要做的事情。”

与此传统观点一致，今天许多心理学家将快乐定义为一种积极的精神和情感状态。例如，在社会科学研究中，常用来评估快乐的方法是请受访者比较自己感到积极情绪（如自豪、热情和专注）的频率和感到消极情绪（如恐惧、紧张和羞耻）的频率。积极情绪的比例越高，人们越感到快乐。

意义是另一条通往美好生活的道路。我们可以通过希腊哲学家亚里士多德和他的“Eudaimonia”概念（这个词在古希腊文中意为“内心圆满”）理解这点。“Eudaimonia”经常被翻译成“快乐”，因此人们常把“快乐是人生至高至善的目标”这句话算到亚里士多德头上。但实际上亚里士多德对那些追求快乐和“享乐生活”的人给予刻薄的评论，称他们为“奴性的”和“粗鄙的”人。亚里士多德宣称，大多数人那种以追求快感为人生目标的生活方式更适合野兽，而非人类。

对于亚里士多德来说，“Eudaimonia”不是转瞬即逝的积极情绪，而是你所做的事情。亚里士多德认为，过上内心圆满的生活需要在道德和智力上有足够的修养，并发挥我们自身最大的潜能。那是一种积极活跃的状态。在这种状态下，我们努力工作，对社会有贡献，积极融入社群，清楚地知道自己的潜质，而非虚掷我们的才华。

心理学家已经意识到亚里士多德的区分标准。他们认为如果把“Hedonia”定义为“感到美好”，“Eudaimonia”便可以定义为

“感到并做到美好”，和“发掘并发挥自身一切美好以充分实现自我”。这是一种具备美好品质的人生。正如三个学者所说：“一个人越追求极大的快乐和避免痛苦，就越有可能失去有深度、有意义和有归属的生活。”但那些以追求意义为终极目标的人会拥有更充实、更快乐的生活。

当然，在实验室里很难衡量一些抽象的概念，譬如意义。但根据心理学家的研究，人们认为自己的生活有意义时，一般是满足以下三个条件：认为自己的生活是有价值的，处于某种伟大事业之中；认为自己的生活是理性的；认为自己的生活是有目的性的。不过，有些社会学家依然不觉得快乐和意义的概念有区别，但研究表明有意义的生活和快乐的生活不能简单地混为一谈。2013年的一项研究揭示了两者的区别。佛罗里达州立大学的罗伊·鲍迈斯特带领研究小组调查了近400名18岁到78岁的美国人，询问他们是否觉得自己过得快乐或过得有意义。社会学家还同时考虑了影响受访者回答的其他变量，如压力程度、消费模式、是否有孩子等。研究小组发现，虽然有意义的生活和快乐的生活在某些方面有所重叠和互补，但是两者在本质上有着巨大的差别。

鲍迈斯特和他的团队发现，快乐的生活是轻松的，即在大多数时候，我们会感觉良好，没什么压力和焦虑。快乐的生活也与拥有健康的体魄、具备购买我们所需物品的经济能力有关。然而令人惊讶的是，追求快乐往往和自私的行为联系在一起——追求快乐的人通常是“索取者”而非“给予者”。

“没有意义的快乐，”研究者写道，“是相对肤浅的，是沉溺于个人世界中的，甚至是自私的。在这种生活中，我们事事顺利，需求和欲望容易得到满足，避免了困难或费力的纠葛。”

相反地，追求有意义的生活往往和“给予者”联系在一起，而这种生活也通常超越了自我。例如馈赠礼物、照顾孩子，甚至是辩论等活动都与“生活得更有意义”有关。研究者认为，这表明我们拥有某种信念和理想，且愿意为之奋斗。由于这些活动需要更多的投入，因此有意义的生活相比快乐的生活更加充满担忧、压力和焦虑。例如，抚养孩子就是有意义的生活，但这种生活的快乐指数相对较低（该结论也适用于本次研究中的受访父母）。

意义和快乐之间可能存在矛盾。但研究表明有意义的付出在一段时间后同样可以实现深层次的幸福安乐。该结论来自 2010 年渥太华大学的韦罗妮卡·胡塔和罗切斯特大学的理查德·瑞安的一项研究。他们把一群学生分成了两组，让他们在十天里分别追求意义或快乐，每天至少完成一件事来提高 Eudaimonia 或 Hedonia。每天结束后，参与者需要向研究者汇报他们所做的事情。在追求意义的一组中，常见的行为是原谅朋友、用功学习、思考人生价值、帮助或鼓励他人。相反，在追求快乐的一组中，睡觉、玩游戏、购物和吃甜食等则是常见的活动。

实验结束后，研究者对参与者进行了回访，来了解这些行为对他们身心的影响。结果显示，追求快乐的参与者在实验结束时感受到更多积极的情绪，消极情绪随之减少。但在实验结束三个月时，高涨的情绪已消失殆尽。第二组追求意义的学生虽然认为自己的生活充满意义，但在实验结束时并没有立刻感到快乐。不过三个月后情况则完全相反。第二组学生觉得自己感到充实、备受鼓舞，或感觉超越了自我，人生变得更加美好，同时，他们表示没有感到太多的消极情绪。长远来看，追求意义实际上更能促进人的心理健康。

若哲学家约翰·斯图尔特·密尔在世，那他对以上结论并不会感到惊讶。密尔曾写道："只有那些心怀他人之乐，心怀人类进步，甚至是心系艺术，而非仅仅关心自身快乐的人才能真正快乐。以目标指导行动时，我们就可以顺便收获快乐。"

鲍迈斯特和胡塔等心理学家是一股新兴潮流的引领者，这一潮流从根本上重塑了我们对美好生活的认知。他们的研究表明，追求意义远比追求个人快乐更令人感到满足，并揭示了人们探寻意义的途径。通过研究，心理学家们希望解答一个重大问题：每个人都需要寻找自己的意义吗？还是说我们可以依赖于某些普世的意义来源？为什么某些国家或群体的人比其他人更容易觉得自己的人生有意义？过有意义的生活对我们的健康有何影响？在死亡面前，我们应该如何寻找人生的意义？

他们的研究反映了我们的文化曾经历过的一种巨大转变。全世界的教育家、企业家、医生、警察和普通人都开始抛弃快乐至上的信条，转向追求意义。随着对心理学的钻研越来越深，我发现这样的人越来越多。在本书开头，我会先介绍几位这样杰出的人物。我们将会认识一些醉心于中世纪文化的独特社群，他们在各自特殊的群体中找到满足感；我们将倾听动物园管理员对于自己人生价值的自述；我们将看到一个下身瘫痪的人如何利用创伤经历重新定义自己的身份；我们还会跟随前宇航员进入太空，他就是在太空中找到了人生的使命。

在这些人中，有些人的故事平淡无奇，有些人的故事非比寻常。但通过对他们的追踪，我发现他们的生活都有某些重要的共通点，由此我产生一个观点，也是如今的研究在努力证明的观点：我们身边充满了意义的源泉，通过挖掘这些源泉，我们可以过上充实、满足的生活，同时帮助他人实现这种生活。这本书将揭示意义的源泉有哪些，我们应该如何利用它们来赋予生命深度。同时，我们将认识到有意义的生活对自身、对学校、对工作环境和对社会大体有哪些好处。

在访问研究者，追踪意义探索者们的故事时，我常常想起令我走上这条路的苏菲派教徒。通常，这些优秀的意义探索者都过着谦卑的生活。他们大都在追求意义的过程中尝尽苦头。而他们的主要目的是带给大家一个更好的世界。一位伟大的苏菲派教徒曾说：“如果一个苦行僧只在慈爱的路上踏出了第一步就再也没有前进过，那他必定是在为人类做贡献的过程中牺牲了自己，成全了他人。”意义探索者与这个苦行僧可以说是殊途同归：他们怀着崇高的理想和信念，通过或大或小的行为改变了世界。

就像新的科学发现让我们回归人文智慧一样，这本书的创作更加印证了我儿时在苏菲会堂获得的启示。尽管苦行僧平日身为律师、建筑工人、工程师或父母，看似过着平常的生活，但其实他们内心为自己的一切行为赋予了意义，不管是清理餐桌，还是吟唱鲁米和阿尔塔的诗篇并汲取其中的智慧。对于苦行僧来说，追求个人快乐完全偏离初心；相反地，他们关注如何让自己对他人有价值，如何让别人的人生更加快乐和完整，如何让自己与更广大的事物联系在一起。他们努力让自己的人生变得有意义，这让我们不禁想问：我们如何能做到和他们一样呢？

第一章

意义危机

在1930年的某个秋日，历史学家、哲学家威尔·杜兰特正在纽约湖山家中的院子里打扫落叶，一个衣着考究的男人向他走去。男人对杜兰特说他准备自杀，除非杜兰特能给出一个可以让他继续活下去的理由。

杜兰特感到震惊，希望自己能给男人带来安慰，但他并没有给出有启发性的答案："我承诺给他一份工作，但他已经有工作了；让他去吃一顿美味的饭菜，但他不饿。他离开时明显没有受到一丝触动。"

杜兰特，一位著名作家兼智者，于1981年逝世，享年96岁。他通过自己的作品把历史和哲学带到大众面前，并因此闻名于世。《哲学的故事》于1926年出版，经久不衰。此外，他与妻子阿里尔·杜兰特历经四十年合著完成的《文明的故事》中，第十卷《卢梭与大革命》获得了普利策奖。杜兰特是个兴趣广泛的思考者。他在文学、宗教和政治领域涉猎广泛，著作等身。1977年，杜兰特获得美国政府授予的至高公民奖项之一——总统自由勋章。

杜兰特从小在天主教的熏陶下长大，就读于耶稣会学院。他原本打算成为教职人员，但在念大学时读到了达尔文和赫伯特·斯宾塞的作品，之后变成了一个无神论者。在失去宗教信仰后的很多年间，杜兰特一直在思考关于意义的问题，但从未找到满意的答案。作为一个不可知论和经验主义的哲学家，杜兰特后来发现，他也不知道是什么激励人们活下去，尤其是身陷绝望时。这个充满智慧的男人在当时不能给那位有自杀倾向的男子一个令其信服的答案。那位男子向他求助时是 1930 年——引发经济大危机的那场股市崩盘发生的第二年。

杜兰特决定给当时的文学泰斗、哲学大师和科学家们写信，如穆罕默德·甘地、玛丽·E. 伍利、H. L. 门肯、埃德温·阿林顿·罗宾逊，询问他们在动荡的年代如何从生活中寻找意义和满足感。“请问能否耽误您一点宝贵的时间，和我玩一个哲学游戏呢？”杜兰特在信的开头写道，“我正在面对一个问题，这恐怕是我们这个年代的多数人都想知道但一直得不到回答的问题：人类生命的意义何在？”杜兰特把收到的答案写进了《论生命的意义》一书中，该书于 1932 年出版。

杜兰特在信中探讨了为何当时的人感觉自己生活在“存在的空虚”之中。毕竟数千年以来，人类相信超然和超自然的存在，譬如神、灵魂以及超越日常生活感知的世界。他们时常感到这种精神世界的存在，并认为它们给普通世界赋予了意义。但现代哲学和科学已表明，相信看不见和摸不着的世界，是幼稚甚至迷信的体现。

在信中，杜兰特解释了为何丧失传统的意义源泉是可惜的。“天文学家告诉我们，人类只是宇宙斗转星移中的一瞬，”杜兰特写道，“地理学家告诉我们，文明只是两次冰河期之间一支不知何时会戛然而止的插曲；生物学家告诉我们，生命是一场战争，是存在于个人、群体、国家、联盟和物种之间的斗争；历史学家告诉我们，‘进步’是一种幻觉，其荣耀免不了被必然的衰落所终结；心理学家告诉我们，意义和自我在遗传和环境面前手无缚鸡之力，而不朽的心灵也不过是大脑里转瞬即逝的炽热状态。”哲学家们在强调用逻辑导出真理的同时，也推理出了生命无意义的结论：“从哲学意义上讲，生命就像这颗星球上间歇性繁殖的昆虫，像地球得了一次终将被治愈的湿疹。”

杜兰特在书中提到一位警察阻止一个男人跳桥自杀的老故事。警察和男人进行了交谈后，两人双双从桥上跳了下去。杜兰特说：“这是科学和哲学带给我们的损失。”杜兰特通过与这些伟人通信，对当时的虚无主义给出了回答，给当初那个沮丧的、让他无言以对的男人一个回答。杜兰特请求这些伟人就以下几个问题给出答案：是什么让生活值得继续下去？是什么驱动他们勇往直前？是什么给了他们灵感、能量、希望和慰藉？

杜兰特的疑问在今时今日更有价值。无望和痛苦不仅在增多，更成了传染性的疾病。自 1960 年起，美国患抑郁症的人数激增；在 1988 年至 2008 年间，服用抗抑郁药物的人数增加了 400%。精神健康医疗的完善和普及不能完全解释这些激增的数字。据世界卫生组织披露，第二次世界大战后全球自杀率突增 60%，一些群体变得特别敏感脆弱。20 世纪下半叶，美国 15 岁至 24 岁人群的自杀率增加了两倍。2016 年，普通人群自杀率达到了近三十年来的至高点。自 1999 年起，中年人群体自杀率上升超过了 40%。每年有近 4 万美国人结束自己的生命，全球接近 100 万人自杀。

这个世界到底怎么了？

弗吉尼亚大学的大石茂弘和盖洛普民意调查中心的埃德·迪纳 2014 年合作的研究对此给出了答案。虽然该研究样本庞大，包含了 32 个国家的 14 万参与者，但研究内容简单明了。几年前，盖洛普的研究者访问参与者是否对自己的生活感到满意，是否觉得自己的生活拥有重要的目的或意义。大石茂弘和迪纳以国家为维度，基于所收集的数据，分析快乐程度和人生的意义感与财富、自杀率和其他社会因素等变量之间的关系。

研究结果令人惊讶。生活在发达地区的人（如斯堪的纳维亚半岛地区）比生活在贫困地区的人（如撒哈拉以南非洲地区）感到更快乐，但在意义方面的结果却完全相反。生活在发达地区的人（如法国和中国香港）认为生活没有意义，而生活在贫困国家的人（如多哥和尼日尔）更能感受到生活中的意义，尽管他们的快乐指数并不高。最令人感到不安的是自杀率与快乐程度和意义感之间的关系。发达国家的自杀率远远高于非发达国家。例如，日本这个人均 GDP 达 34000 美元的国家，自杀率是人均 GDP 只有 400 美元的非洲国家塞拉利昂的两倍。表面来看，这个趋势并不合理。生活在发达地区的人更加快乐，他们的生活环境和有些地方比起来，简直如同置身天堂。要知道，在塞拉利昂这样的国家，到处充斥着疾病和极度的贫困，还经历过毁灭性的内战。那么，是什么原因让生活在发达地区的人放弃了自己的生命呢？

快乐和自杀率之间诡异的关系在其他研究中也得以证实。在快乐程度高的国家（如丹麦、芬兰）同样存在较高的自杀率。一些社会学家认为，在大多数人都过得很快乐的地方，不快乐的人会变得更加抑郁。也有观点认为，这些国家的快乐程度持续攀高是因为不快乐的人结束了自己的生命，被从人口基数中剔除了出去。

但大石茂弘和迪纳的研究给出了另一种解释。当把一堆数据拆分后，他们惊讶地发现：快乐与否并不能预测自杀率的高低。能够预测自杀率的变量是意义，或者更准确地说，是“意义的缺失”。意义缺失程度高的国家（如日本）拥有较高的自杀率。

现在困扰着这些自杀者的问题与80年前那个有自杀倾向的男人一样：有什么值得让我们继续生活下去？虽然那个男人的生活条件优渥，但他就是觉得活不下去了。如今有成千上万的人和他的想法一样。每10个美国人中就有4个找不到令自己满意的生活目标。接近四分之一的美国人（大约一亿人）不知道生活的意义何在。

解决该问题的方法不是把美国变成塞拉利昂这样的国家。现代文明虽然会弱化生活的意义，但也有它的优点。那么人们应该如何在现代社会中寻找生活的意义？如果不能在有意义的生活和现代生活的裂隙之间架起桥梁，我们的心灵将继续漂浮，并付出沉重的代价。宗教学者休斯顿·史密斯说：“每一个人都会问自己生活的意义何在，换句话说，也就是问自己生活艰难的时候，有什么能支撑我们继续活下去？没有找到活下去的理由的人，或一劳永逸地自杀，或一点点地滑向孤寂的深渊。”——向抑郁、软弱和绝望投降。

俄罗斯著名小说家列夫·托尔斯泰曾面临相似的情况。19世纪70年代，托尔斯泰在大约50岁时患上了严重的抑郁症，自杀的念头一直折磨着他。托尔斯泰认为自己的生命毫无意义，而这种想法让他充满恐惧。

在局外人看来，这位小说家的抑郁可能来得有些奇怪。作为一个贵族，托尔斯泰几乎拥有了一切：财富、名望、婚姻、子女。另外，他的著作《战争与和平》与《安娜·卡列尼娜》分别在1869年和1878年出版并大获成功。托尔斯泰被誉为当时最伟大的小说家之一，毫无疑问，他的作品将进入世界文学经典的行列。

托尔斯泰的成就，是大多数人毕生奋斗也无法望其项背的。但站在已有的高度，托尔斯泰认为这些成就都是他空虚人生的装饰物，换而言之，它们对于托尔斯泰来说一文不值。

1879年，处于绝望深渊的托尔斯泰开始写自传，他将其命名为《忏悔录》，以记载自己的精神危机。《忏悔录》中托尔斯泰讲述了自己在求学与参军时期是如何堕落地生活。“撒谎、盗窃、滥交、酗酒、暴力、谋杀——这些罪行我都犯过，”托尔斯泰略带夸张地写道，“尽管如此，所有推崇我的人和我的战友依旧认为我是一个正人君子。”在这个人生阶段，托尔斯泰开始了写作，他自己宣称是受到了“虚荣、自私和骄傲”的驱使而沽名钓誉，贪图金钱。

很快，他混进了俄罗斯乃至欧洲的文学界和知识界，这是一个向世人传播进步思想的圈子，托尔斯泰便是这种思想的拥护者。但两次冲击性的经历让托尔斯泰看到了人与社会的完美论是多么空洞。第一次是1857年，托尔斯泰在巴黎亲眼看见一个男人在断头台上被处决。“当我看到他身首异处，听到他的脑袋‘砰’的一声落入盒中，”托尔斯泰写道，“我彻悟了，没有任何关于理性、存在或进步的理论可以让这一行为合理化。”第二次是患了肺结核的哥哥尼古拉离世：“他受病痛折磨将近一年，最终在痛苦中离开了人世，他不知道自己为何活着，更不知道自己为何死去。”

这些事情给托尔斯泰带来巨大冲击，但还没有摧毁他。1862年，托尔斯泰步入婚姻殿堂。新婚生活与《战争与和平》的创作让他无暇质疑生活。

托尔斯泰热衷于探究生命意义之源，并在其作品中贯穿了这个主题。《安娜·卡列尼娜》中的列文这一人物被广泛认为是托尔斯泰自己的化身，在这部作品中经常苦思这个问题，最后他总结，自己的生命不是没有意义的：“我的生活，我的整个生活，不管遇到什么情况，每分钟都不会像以前那样空虚，我有权使生活具有明确的善的意义！”

但在完成《安娜·卡列尼娜》后不久，托尔斯泰的人生观又突然变得十分负面、低落，其所作所为都饱含对生命意义的质问。他脑中迸出一个声音，问道："为什么？为什么我会在这里？我做的一切有何意义？我为什么会存在？"随着时间的推移，脑中的声音越来越响，并越发急切："在我忙于继承萨马拉的田产，忙于教育儿子，或一头扎入写作之前，"托尔斯泰在《忏悔录》中写道，"我得弄明白为什么我要做这些事。"在书中其他地方，他用其他方式表达了类似的疑问："我今日和明日所做之事将会有何影响？我的全部人生会产生什么结果……我为什么要活着？或者换句话说，生命中有何物不会被必然降临的死亡摧毁？"由于不能解答自己为何存在这个问题，托尔斯泰认为生命是毫无意义的。

托尔斯泰写道："非常好，你将比果戈理、普希金、莎士比亚、莫里哀，还有世界上其他作家都要更加著名，但那又能怎样呢？"《传道书》中的先知说："虚空中的虚空，凡事都是虚空。人在日光之下的一切劳碌，又有什么益处呢？一代过去，一代又来。土地却永远长存。"托尔斯泰就如书中的先知，他相信我们能得知的唯一真理，就是生命都将终结于死亡，生命中穿插着痛苦和悲伤。我们和我们所珍爱的——我们所爱之人、我们的功名成就、我们的身份地位——终将消逝。

托尔斯泰最后从虚无主义中走了出来。他寻找那些从容生活的人，探究他们从何处得到生活的意义。托尔斯泰圈子里的大多数人（贵族和文学精英阶层）过着肤浅的生活，对自己的人生一无所知。所以他决定走出自己的社交圈，而后震惊地发现，他身边千千万万的普通人似乎已经找到了那个问题的答案——那个耗尽他毕生精力去探究的问题。这些被托尔斯泰称为“普通人”，没有受过教育的农夫们从信仰——对上帝的信仰和天主教的教义——中找到意义。

托尔斯泰虽然在大学时期就已经远离宗教信仰，但为了追寻生命的意义，他在中年时期重新开始信教。信仰作为农民们不可或缺的一部分，激发了托尔斯泰的好奇心，他埋头宗教和传统文化精神的研究，包括伊斯兰教和佛教。在精神探索的旅途中，托尔斯泰成了基督徒。他先是在本地的俄罗斯东正教教堂里安了家，但最终还是逃离了教堂生活，开始根据自己的精简基督教教义来生活，也就是遵从耶稣《登山宝训》中的教义。

托尔斯泰对“信仰”的定义比较模糊，他将其看作非理性的“关于生命意义的知识”。但可以确定的是，他坚信信仰可以连接个体与自我以外的更广大或无限的事物。“不论信仰能为我们提供什么样的回答，每个信仰的答案都为人类有限的存在赋予了无限的意义——不会被痛苦、贫困和死亡所毁灭的意义。”虽然托尔斯泰不相信宗教的神迹和圣事，但他从“上帝安排的生活”中找到了意义。托尔斯泰传记的作者曾说，“上帝安排的生活”对于托尔斯泰来说就是像基督那样奉献自我，尤其是对贫苦的人的奉献。

《忏悔录》的完成并不意味着托尔斯泰就此结束了对意义的探索。在生命的后几十年里，托尔斯泰依然坚持对意义的追寻。他过着简朴的生活，不再喝酒吃肉，放弃了贵族的头衔，开始学习修补鞋子的手艺，认为体力劳动是道德高尚的行为。托尔斯泰为改善农民的困苦生活做出了很大的努力，甚至想把所有财产都捐给他们（被托尔斯泰的妻子断然拒绝）。同时，托尔斯泰还倡导一些激进的主张，例如废除私有财产，支持反战主义，提倡不抵抗邪恶的教条。由此，托尔斯泰吸引了一批追随者，像门徒一样拥护他的主张。

但他晚年过得并不如意。对意义的追求颠覆了他原本的生活：俄国政府抨击他为激进分子，被俄国东正教会驱逐出去，婚姻也破裂了。厌倦了和妻子争吵不休，加之对精神生活的强烈向往，托尔斯泰在1910年10月抛弃夫妻的共同财产，坐火车前往高加索。他希望在虔诚的孤独中度过余生，可惜在旅途中死于肺炎。但他的理念依旧在世上流传，不仅仅是通过小说。他主张的“不抵抗主义”激发了甘地在印度发起的政治运动，而甘地的精神又引导了马丁·路德·金的民权运动。

对于托尔斯泰来说，人生的意义在于信仰。但对于大多数人来说，他们并不信上帝，也不为教条所动。有些人持有信仰，但依旧在探索如何在世俗中活得有意义。仅靠宗教可能无法满足这些人的需求。有没有可能不靠信仰，在生活中找到意义呢？（这里的“信仰”，套用托尔斯泰的说法，是指“为人类有限的存在赋予无限的意义”的事物。）对于今天大多数人来说，这才是他们关心的问题。

对于托尔斯泰来说，答案似乎是“不可能”。但也许还存在着其他追寻意义的途径，它们可以和信仰互补，或者作为非信教者的替代方案。即使我们为之努力的东西、所爱之人和所爱之物，终有一天会消逝和被遗忘，我们也依然能过上有意义的生活。这是法国小说家阿尔贝·加缪在他的作品《西西弗神话》中试图证明的观点。

虽然加缪在撰写《西西弗神话》时只有二十几岁，但他会思考人生意义并不奇怪。和托尔斯泰相反，加缪出身并不富裕。他的父亲吕西安·加缪是农场工人，他的母亲叫凯瑟琳，是个没有受过教育且丧失一半听力的妇女，“一战”期间在工厂当过工人，而后从事家政清洁。加缪的父母于 1910 年结婚，正是托尔斯泰逝世的那一年。三年后，凯瑟琳在一个叫蒙多维的阿尔及利亚沿海小镇生下了加缪。“一战”爆发后，吕西安应召进入法国军队。但他在从军一个月左右时于马恩河战役中受伤，不久后因伤逝世，当时加缪还不足一岁。

十六年后，加缪的生活再次被颠覆。1930 年，加缪被诊断出肺结核，这在当时贫困的阿尔及利亚地区通常意味着死亡。脆弱的少年加缪需要和死亡抗争，被命运无情地摆布。加缪在病床上阅读斯多葛派哲学家爱比克泰德的作品。“死亡或疼痛并不值得恐惧，”爱比克泰德写道，“值得恐惧的是对死亡或疼痛的恐惧。”加缪康复后试图在他这些年受到的折磨中琢磨出些许意义来。他总结道，病痛带来的好处是让他准备好了面对那个等待着他，也等待着所有人的，不可避免的结局。

在重返校园之时，加缪认为生命是没有意义的，这一观点在他的自传性故事（发表于文学杂志《南方》）中表达过：“我不曾拥有过任何东西，我对一切事物持怀疑态度。但我不能这样活着，这扼杀了我内心的道德。失去了活下去的目的和理由，我会死的。”被阿尔及利亚大学录取后，加缪的文笔提高了，并通过研究哲学继续探索关于意义的问题。他毕业于1936年，那年春天，他在日记中提到有兴趣写一部关于“荒谬”的“哲学作品”。

加缪开始动笔撰写《西西弗神话》之时，另一场世界大战在欧洲爆发。1940年6月初，加缪住在正被纳粹轰炸的巴黎。6月中旬，德军开进了巴黎，开始了对法国长达四年的极权统治。加缪在德军到来的前几天逃了出去。1940年的严冬，加缪在里昂一间没有暖气的公寓里创作了《西西弗神话》。该书于1941年完成，据加缪的一位传记作者所言，他是用“长满冻疮的僵硬的手指”写出了这本书。

虽然加缪对意义的兴趣来源于传统哲学和文学，但他所生活的时代使他探索意义的需求变得尤为紧迫。法兰西的分崩离析，维希政府的懦弱无能，法西斯席卷欧洲的早期胜利，让整个世界显得了无生趣，荒谬至极。《西西弗神话》这部作品正是教导人们如何在这样一个世界生存。《西西弗神话》的开篇名言：“真正严肃的哲学问题只有一个，那便是自杀。判断人生不值得活，等于回答哲学的根本问题。”他嘲讽道，没有人会为了论证本体论而自杀。但许多人为意义而亡：一些人因判定自己的生命毫无意义而自杀，一些人为自己的理想而献身。人生是否有意义，归根结底是关乎“生存还是死亡”的问题，一个哲学上令人困惑并努力尝试解答的问题。因此，这是一个至关重要的问题。

正如加缪所言，我们渴望对世界做出理性的诠释，寻求秩序和统一，但我们的世界是混乱的、失控的、荒诞的，不存在任何“理性和合理的规则”。我们好奇我们因何而存在、从何而来、为何而来，但世界只回以沉默。我们尝试通过接近上帝、宗教和某些超验的意义来源来满足自己的求知欲。但如果我们把明确知道的东西都当成真理，那将存在无数的真理，而不是唯一的真理，加缪如是说。

对于加缪来说，人类在这个世界上永不停歇地寻找意义却遍寻不见，这让人生看起来十分可笑。从重大的历史事件到我们为生活付出的努力，通通都显得毫无意义。认识到世界上不存在外在的意义来源，我们的所作所为并没有任何伟大的意义，这让我们淹没在“恶心”的情绪中——加缪曾经的好友，存在主义哲学家让-保罗·萨特在《恶心》一书中如此形容。

当然，即使你不是存在主义哲学家或俄国小说家，也能像他们一样感到荒谬的重量压在你身上。在柯南·奥布莱恩 2013 年的脱口秀节目中，喜剧演员路易斯·C. K. 提到他也感受过“萨特的恶心”、“加缪的荒诞”和“托尔斯泰的恐怖”。和所有的喜剧演员一样，C. K. 是一个伪装成滑稽小丑的哲学家。“生命中所有事情的表象下，”他告诉奥布莱恩，“都是同一种东西，是空虚，永无止境的空虚。所有的事物都是虚空，孤独是人类的宿命，这些认知都明明白白摆在那儿。有时，当一切都消失不见，你看不见任何东西，但你会感觉到：‘噢，不，它来了。我好孤独。’现在，它开始拜访你了。它就是悲伤。人生就是个巨大的悲伤旋涡。”

悲痛欲绝的托尔斯泰在他的推论中提到过这一点，他总结道：

自杀是逃避荒诞生命的唯一合理方式。当然，托尔斯泰选择了另一条路，他在信仰中找到了意义。而加缪否认信仰和自杀可以解决人生缺乏意义这一难题。加缪认为，我们不能证明上帝是否存在或者我们所信仰的东西是否真实。因此，我们无法依赖上帝或信仰的召唤来维持有意义的生活。而自杀则会被认为是对空虚世界的妥协，对荒谬的投降。这些行为会进一步增强这个世界的空虚和荒诞。

如此听来，人生似乎很糟糕。但加缪指出，生活的荒诞并非都会将人引入绝望。相反，它可以带来新机遇。“即使受限于虚无主义，你依然有办法超越它。”虽然意义无法从外部获得，但我们可以为自己创造出意义，正如萨特所写：“生命本无意义……是我们赋予了它意义，而价值并无特别，仅仅是我们的选择而已。”

加缪在《西西弗神话》的结尾证明了这个观点，赞美了被众神处以严酷惩罚的希腊英雄西西弗：他每天必须用尽全力将巨大的石头推上陡峭的高山，而快到山顶时，石头会从山上再次滚落，他需要重新再来，周而复始。终其一生，他都在重复这项无用功。难以想象还会有比西西弗所做之事更无聊的事情了。但加缪希望我们能看到西西弗的生活的价值所在。事实上，西西弗为我们所有人做了一个榜样。

加缪认为，想要过有意义的生活需要有藐视荒诞的态度，就如西西弗一般。西西弗因欺骗众神，试图逃脱死亡的命运而被惩罚，永无休止地推石头。但他从不顾影自怜，自怨自艾。相反，为了鄙视企图折磨他的众神，西西弗拥有了三种特质：反抗，激情，自由。

每次当他回到山底，都面临着一个选择：放弃或继续做无用功。西西弗选择了继续斗争，每天往山顶推石头。他蔑视众神的惩罚，他成了自己命运的主人。“石头就是他的所有物。”加缪说道，那块巨石是给予他生活意义的物品。虽然他的劳动看似十分可笑，但他的积极态度赋予他的劳动以意义。“敢于与高高在上的力量斗争，”加缪写道，“本身就足以填满一个人的心。我们应该体会到西西弗的快乐。”

加缪叫我们想象一下西西弗的快乐，他指的快乐并非感觉良好的开心情绪，而是指全力以赴完成一件艰难但有意义的事情之后，得到的成就感和满足感。加缪希望我们像西西弗一样，高贵地与困境抗争，拥抱“世界的悲惨和美好”，充实地过好每一天。

加缪在自己的人生中也奉行这种观念。他创作《西西弗神话》时，曾写信给友人，表达了当时的心理状态：“快乐？我们不要谈论这个话题……尽管我的人生曲折，我依然没有停止去爱。此时此刻，我的生活和工作紧密相连。我以相同的激情，同时生活和工作。”如果说托尔斯泰在无限存在中获得意义，那么加缪则是在有限存在中找到了意义。《西西弗神话》的题词来自古希腊诗人品达的诗句：“我的灵魂啊，勿求永生，只求穷尽此生的一切可能性吧。”

与其放弃世界，不如怀着激情直面生活，在苦痛、丧失和挣扎之中编织出意义。“如何在没有上帝的支撑下生活，”加缪传记的作者奥利维·托德写道，“加缪有三个答案：生活、行动和写作。”

滚石之于西西弗，正如写作之于加缪，是为他们的人生赋予意义之物。加缪坚信，每个人都需要一些能使之奉献终生的“事物”，事业或目标，不管是一块巨大的石头，还是一朵娇艳的玫瑰。《小王子》这部作品就是此观点的最佳解读。小王子住在一个小星球上，每天照料这个孤独的星球和他花园里的花。“那是件十分枯燥的工作，”小王子说道，“但十分简单。”直到有一天，小王子留意到地面上长出了一朵玫瑰花——和他星球上任何一朵花都不一样。后来，小王子爱上了这朵神秘的玫瑰，全心全意地呵护她，浇灌她，为她挡风遮雨。但她虚荣且娇惯。最终，小王子厌倦了她，决定离开自己的小星球，去探索更广阔的宇宙。

他带着求知的欲望踏上了旅程，在途中经历了光怪陆离的事件。在探索了几个星球后，小王子来到了地球，并偶然看见一个玫瑰花园。虽然小王子离开了那朵玫瑰花，但他依然牵挂着她。当小王子看见其他玫瑰花时，他感到忧伤不已。当初他以为自己的玫瑰花是宇宙唯一，现在却看见成千上万和她几乎一模一样的玫瑰花。

正当他沉浸在忧伤之中，一只聪明的狐狸出现在他面前。狐狸传授了小王子许多道理，其中最重要的道理是关于被他遗留在B612 星球上的玫瑰花。狐狸告诉小王子，他的玫瑰花不只是千万玫瑰花中的一朵。那朵玫瑰的特别之处在于小王子为之付出和倾注的一切："你花在玫瑰花身上的时间，使得她如此重要……你要对你所驯服之物永远负责。你要对你的玫瑰花负责。"

当小王子再次来到玫瑰花园的时候，他用狐狸的智慧对那些花说道："你们很美丽，但也很空虚，不会有人为你们去死。当然，寻常的路人会认为我的玫瑰花和你们差不多。但她比你们全都加起来还重要，因为我给她浇过水，给她盖过玻璃罩，为她挡过风，为她消灭过毛毛虫（但留了两三条活口，好让它们变成蝴蝶）。因为我倾听过她的抱怨和吹嘘，甚至有时候也倾听她的沉默。因为她是我的玫瑰。"

换而言之，那朵玫瑰之所以特别，他们的关系之所以有意义，是因为小王子为那朵玫瑰投入了时间、精力和关注。

这不仅仅是文学或哲学上的童话。社会学家也发现，当我们努力去建构某些事物时，会更加珍惜这些东西——心理学家把这种现象称为"宜家效应"。动手组装宜家的家具会让购买者更加喜欢它们，这个道理适用于便宜的瑞典家具，也同样适用于我们的生活。当我们为艰难但有意义的事业而奋斗时，不论是浇灌一朵玫瑰还是追求崇高的使命，我们都会感到生活过得更有意义。

当然，这个道理反之亦成立。我们生命最重要的部分需要我们付出努力和奉献。当我们小时候第一次运动，当我们为功课抓耳挠腮，当我们学习一门乐器，当我们学习如何维持友谊的时候，就已经懂得了这个道理。不幸的是，长大后我们似乎忘记了它。在忙碌的成年人世界里，人们更青睐用便捷简易的方式来解决人生难题。但想生活幸福，需要我们利用年轻时积累的智慧。只有当我们直面挑战，才能从中找到生命的意义。

虽然生命的意义依旧晦涩不明，但我们可以并且必须找到自己的生命意义之源。这是加缪那种思想家们的高明见解，在《西西弗神话》出版的十年前，杜兰特也得出了同样的结论。

看完回信后，杜兰特发现他的朋友和同事们都以自己的方式找到了人生意义。甘地写道，他在“为全人类服务”之中找到了意义。法国传道士欧内斯特·蒂姆尼特在个人利益之外找到了意义：“你问生活曾给过我什么？它给了我数次机会挣脱人性的自私。对此，我十分感激。”电影制作人卡尔·拉姆勒，环球影城创始人之一，提到他的孩子时说：“你问我最后的财富藏在哪里？我想它藏在一个强烈的欲望中，那就是想看到我的子孙们安康幸福。”被判无期徒刑的欧文·C. 米德尔顿认为，成为世界的一部分，本身就已蕴含意义：“我不知道命运将引领我们到达何种伟大的终点，我对此也并不关心。在到达终点之前，我应该扮演好自己的角色，在前行的路上做好我自己。如何扮演我的角色全由我掌控。我是这个伟大、美妙、向上的生命运动轨迹里不可剥离的一部分，仅此而已。不论是瘟疫、肉体的折磨，还是压迫、监禁，都不能夺走我的生命角色，这里有我的慰藉、我的灵感和我的财富。”

1930 年，自杀的男人向院中的杜兰特走去的那一年，还有几个人给这位哲学家写信表达了想了结生命的冲动。杜兰特一一回复，尽己所能地告诉他们为何他觉得人生是值得继续的。而后，他把回复汇集成一句话，作为《论生命的意义》的结语。

对于杜兰特而言，意义来自超越自我。他写道：“如果一件东西具有意义，仅仅是通过它和大整体的关联，那么，尽管我们不能为所有的生命赋予形而上的共通意义，也能说，任何生命的意义来源于与自我以外的更大的存在之间的联系。”杜兰特相信，和某些事物的联系越多或对某些事物的贡献越多，我们的人生就越有意义。对杜兰特来说，“某些事物”特指工作和家庭。

几乎可以肯定，有些人给杜兰特写信，是因为“大萧条”时期丢了工作。他们还不是最不幸的一批人。“大萧条”时期失业率不断攀高，到 1933 年达到巅峰，失业率为 22%，同一时期，美国的自杀率也创下新高。研究人员发现，纵观历史，自杀率与失业率成正比增长，那也就不难明白为什么工作对于人们来说是身份、价值和目标的来源。工作让人们不再觉得虚度时光，让他们可以为社会做贡献、养家糊口。人们失去工作时，不仅仅是失去了生计来源，更是丧失了强大的意义来源。

杜兰特劝告那些不相信人生有意义的人先试着找一份工作，甚至可以在农场做帮工来换取食宿，以待时来运转。劳作收获和服务他人是重新投入生活的第一步。他写道：“伏尔泰曾说，如果手上没有太多的工作，他很可能就自杀了。”

《论生命的意义》出版五十年后的 1988 年，《生活》杂志做了相似的实验。杂志的编辑们给当时上百位有影响力的名人写信，包括黑人权利斗士罗莎·帕克斯、性学学者露丝博士、作家约翰·厄普代克、女权主义者贝蒂·弗里丹、总统理查德·尼克松等人，询问他们人生的意义。杂志编辑们直到收集和编辑回信的阶段，才了解到杜兰特半个世纪之前也做过相同的事，和杜兰特一样，他们发现回信人从各种各样的事物中找到了人生的意义。

例如，心理学家和细胞生物学家琼恩·波利森科说了一个她的病人的故事：这位病人处在死亡边缘，过去的经历如电影般在脑中回放之时，她找到了生命的意义。“她感到很吃惊，”波利森科解释说，“她律师生涯的成就并没有给她带来太多意义感；在记忆回放中令她记忆深刻的，反而是一位某天在超市里帮她结算的青年收银员。感受到男孩眼中的忧伤，她拍了拍他的手，轻声说了几句宽慰他的话。在共情的眼神交集中，有一瞬间他们忘记了对方只是偶遇的陌生人，拥有了短暂的内心交流。”对这位律师来说，生命的意义在排队结账时被爱、怜悯和理解的火花点燃了。

詹森·盖伊斯，一个患癌症的 12 岁男孩，对于人生意义的问题给出了直抵心灵的答案。“我以前一直在思考，”他给《生活》杂志写道，“为什么上帝偏偏选中我患上癌症呢？可能是因为他希望我成为一名医生，医治那些得癌症的小孩。所以当他们对我说‘詹森医生，我害怕我要死了’或者说‘你不会知道整个学校里只有我一个光头是多么怪异’的时候，我可以说：‘我知道。我小时候也患过癌症，但你瞧我现在的头发——有一天你的头发也会长回来的。’”对于盖伊斯来说，直面死亡让他发现了人生的使命。

小说家麦德琳·兰格尔的人生意义在于说故事，把人们的经历串联起来，编织成连贯的叙事。与加缪的观点相似，她写道：“唯一确定的是我们在这里，此时，此刻。我们可以决定过充实饱满的生活，经历每一个时刻，感知、察觉、全神贯注。我们存在于这里，我们每一个人，书写我们自己的故事——看，我们的故事多美妙！"

犹太教拉比伍尔夫·凯尔曼提到1965年从塞尔玛到蒙哥马利的民权运动游行。马丁·路德·金走在他前头，当大队伍走过塞尔玛的埃德蒙·佩特斯桥时，他们一起唱起了歌。"在歌声中，我们感受到了超然的、难以言喻的交流，"凯尔曼给《生活》杂志的回信中写道，"我们感受到了胜利和欢庆。我们感觉到事情在往好的方向发展，没有任何东西是永远不变的。那是种温馨的超然心灵体验。意义、目标和使命都无法用语言来形容：当时的意义就是感觉，是歌曲，是压倒一切的精神满足感。我们体验了赫舍尔拉比所说的超乎奥秘的意义。"

给杜兰特和《生活》杂志回信的人答案各不相同，反映了回信人迥然不同的价值观、经历和性格。当然，其中有很多主题重复出现在不同的回信中。在解释是什么让人生有意义的时候，他们谈到积极和他人建立联系和往来；提到找些值得做的事情来充实自己；或是创作文学作品以求了解自身和外部的世界；还谈论了抛却自我的神秘体验。

我在为创作这本书做前期研究的时候，有四个主题不断地出现在我与受访者的对话中，他们有的拥有了有意义的生活，有的依旧在寻找意义。在亚里士多德和引言中提到的心理学家们所定义的有意义的人生中，这四个主题也以不同的形式不断出现：意义来源于我们和他人的联系；来源于为社会做贡献的使命感；通过叙事让我们的经历有意义并了解自我；与自我以外的更大存在产生联系。我在关于有意义的人生和如何过上有意义的人生的社科研究中，也在文学、哲学、宗教和大众文化中找到了这四个主题的踪影。

这些主题是意义的四大支柱：归属、目标、叙事和超然。

例如对于拉姆勒和波利森科的病人，意义来自爱他人和通过同理心与他人建立联系。对于甘地和儿时的詹森，有意义的人生就是为世界做好事，让他人生活得更好。对于马德琳·兰格尔，意义在于讲好生活这个故事。而卡尔曼和赫舍尔拉比在更大的存在（无论是在精神世界中，还是在神秘的物质世界里）中贡献自我，从而寻得意义。

这四大支柱在宗教和心灵体系中至关重要，这也是为什么那些历史传统（或依旧沿袭的传统）对人们的生活影响深远。它们让人们在社群中找到自己的归属，让人们的生活有了前进的目标，比如进入天堂，更接近上帝，或是服务他人。这些支柱向他们解释了为何世界如此，为何他们是现在的样子。同时，这些支柱让他们有机会在仪式和典礼上获得超然的体验。这里提到的每一个支柱，在我所知的苏菲派教徒生活中都存在，这也是为何他们的人生如此有意义。

这些支柱的魅力，在于每个人都可以拥有它们。无论有无信仰，人们都可以在自己的生活中建造这些支柱。它们是意义之源，贯彻我们存在的每一个方面。我们可以在工作和家庭中找到归属感，在公园散步或参观艺术馆时获得超然的感觉。我们可以选择一种职业，帮助我们服务他人，或者通过构思人生的故事来了解我们如何成为现在的自己。随着时间的推移，我们可能从一个城市搬到另一个城市，更换工作，和好友失去联络，但我们依旧可以利用这四个支柱在新环境中重寻意义。只要心中永存这四个支柱，我们甚至会在意想不到的地方找到人生的意义，不论是在通勤的路上，在监狱里，在得克萨斯州西部的山巅，还是在切萨皮克海湾中的一个岛屿上。

第二章

归　属

走在弗吉尼亚州的丹吉尔岛上，坟墓处处可见。这些坟墓分布在岛上小屋的前前后后，岛民把死去的亲人埋葬在自家院里。在靠近海滩的教堂两边，浅灰蓝色水塔的影子下，窄小的马路边也分布着一些墓地。墓碑一个紧挨着一个。以前岛上还有一个古老的墓园，现在在水下15米的地方，暴风雨来袭时，尸体的残骸和棺材的残片在海浪中翻滚。

丹吉尔岛的墓地不像现代城市和郊区那样建设在远离生活区域的地方，这里的墓地已经充分融入了人们的日常生活，时时刻刻提醒着人们关于过去的一切。对于岛上近500位居民来说，这就是生活本该有的样子。他们说，他们的社区不仅仅包括生者，还包括逝者。现在大多数岛民的血统还能追溯至那些18世纪来到丹吉尔的移民。其中许多人将他们祖先的姓氏传承了下来，例如克罗克特、普鲁伊特、帕克、托马斯等。

丹吉尔岛位于切萨皮克海湾的中央，从弗吉尼亚和马里兰海岸坐船过去需要一小时。丹吉尔岛破水而出，面积只有 1.2 平方英里①，如同沙堤般大小。岛上的海湾被迷宫般的码头包围，停靠着水手们的渔船。码头上散落着大大小小的棚屋，捕螃蟹的工具（水手们称其为“蟹笼”）杂乱地堆放在屋外。丹吉尔岛被称为“软壳蟹之都”，这样的社群如今已日益罕见。

斯温纪念卫理公会是丹吉尔岛物质生活和精神生活的交流中心。星期天早晨，一排排的高尔夫球车——这个岛上的主要交通工具，连绵至白色护墙板建筑之外。这几年，参加集会的人已减少，但这里依旧充满活力，教堂里过半的椅子都会被坐满。我参加了一个仪式，希望对这个社区了解一二。我早上就到了教堂，仪式从为逝者祷告开始：牧师缅怀离世教区居民“在天堂的第一个生日”，并请集会者追忆他们逝去的亲友。

参与仪式的每个人对彼此及逝者都是直呼名字，不带姓氏。这个仪式亲密无间，更像是亲人间的聚会。作为外人，我感到格格不入，颇有些难为情。最后时刻，我尝试趁他人不注意，偷偷潜出教堂。但在我溜走之前，六七个人排成一队向我走来，和我握手。“你一定是住在湾景区，”一个女人说道，“很高兴在丹吉尔岛遇见你。”一个外地人在丹吉尔岛上不可能不被注意，但并不会遭到冷漠对待。

“这儿就像个大家庭，”佩吉·哥迪一辈子都住在岛上，“有人伤心的时候，我们陪他一起伤心；有人有喜事的时候，我们和他

① 1 平方英里约等于 2.59 平方千米。——编者注

一起欢庆；有人需要募资的时候，每个人都会去捐赠；有新娘办婚前聚会的时候，每个人都会献出自己的心意。即使只需要20美元，每个人也都会倾囊相助。”生活在内陆的人们可能并不知道自己邻居的名字，这对于岛上的人们来说简直不可思议。“岛上有480位居民，”哥迪说，“我们彼此都认识。”

集会者讲起话来带有这个岛上独特的爱尔兰口音。虽然这些年来，旅行者们给这个充满伊丽莎白时期的英式印记的岛屿新添了一些口音，但地理位置的隔离使丹吉尔岛在语言和文化的同化大潮中保留了独特的风俗习惯。

尽管丹吉尔岛远离大陆，但近几年的文化和经济力量已撞击到了岛岸上。相比从前，现在岛屿和大陆之间的距离已经大大缩短了，很大程度上归功于互联网和卫星电视的普及。媒体的涌入不仅使岛民接触到全新的视角和思想，也为他们提供了生活方式上的新思路。年轻人看到电视上的人们进出购物商城，开着车四处兜风。虽然爱着丹吉尔岛，但他们决定选择电视上的生活方式，认为那才是他们想要的生活。不论是好是坏，丹吉尔岛都已开始进入现代社会。

经济发展对丹吉尔岛不太有利。捕鱼和捕蟹是岛上的主要产业支撑。但弗吉尼亚州政府在控制捕鱼许可证的数量并实行捕捞限制，以保护数量有限的鱼蟹，这让岛民几乎无法进入商业社会。丹吉尔镇长说道：“年轻的小伙子们很难拿到捕蟹许可证，除非有老人退出这个产业。”

所以年轻人离开了丹吉尔岛。现在岛上的年轻男性高中毕业后一般在巴尔的摩等城市找一份修理拖船的工作，很多女性则选择继续上大学。很少有人选择返乡。从前，在丹吉尔岛出生的人一辈子都在岛上度过。但随着时间的推移，这种情况越来越少见了。50 年前，岛上有超过 900 位居民和 100 多个小学生。如今，岛上居民不足 500 位，还有 60 个小学生。

丹吉尔岛曾被称作“消逝的岛屿”，因其海岸在过去几年里被侵蚀了 25 英尺①。但同时它也正在以另一种方式消逝。丹吉尔岛上的居民和他们的生活方式正在逐渐消失。

爱德华·普鲁伊特是离开的青年人之一。但在 2013 年，爱德华回到丹吉尔岛参加阵亡将士纪念日。对丹吉尔岛来说，阵亡将士纪念日是个重要节日，到了那天，居民们聚集在一起纪念那些为国家献身的士兵。那天早晨，大街小巷都会飘满美国国旗。一些人会给过路人分发柠檬汁。斯温纪念卫理公会门前聚满了人，几个穿着红白蓝三色衣服的孩子奔跑穿梭在其中。普鲁伊特 32 岁，是个二级海军军士长，最近刚从中东执行任务回来。他穿着一身白色制服，头戴水手帽，站在教堂长廊下望着他的几百个邻居和朋友。那一刻，似乎所有的岛民都出来聆听他的演讲。

爱德华演讲的主题是社群的重要性。当年他准备上大学时，当时的图书管理员（现在是校长）给了他一些建议。她告诉爱德华别怕别人知道他来自一个小岛，来自丹吉尔岛。无论如何，别

① 1 英尺约等于 0.3 米。——编者注

人总会从他的口音中知道他来自不同寻常的地方。图书管理员告诉他，当别人问起丹吉尔岛是个什么样的地方，他应该自豪地告诉对方那是个特别的地方。

“不要羞于提起你的家乡，”她告诉爱德华，“因为那是个独特的地方，值得大谈特谈的地方。”

爱德华花了一些时间才充分明白她的智慧。爱德华于 1998 年离开丹吉尔岛，进入位于弗吉尼亚州纽波特纽斯的克里斯托弗纽波特大学，距离丹吉尔岛三个小时路程。这是他第一次离开家乡，难以适应环境的转变。对比丹吉尔岛，纽波特纽斯实在太大了，爱德华从未有过如此多的选择和自由。“丹吉尔岛只有一间杂货店，而在丹吉尔岛之外，有成千上万间杂货店。”

但最艰难的是学习如何交朋友。从小到大，爱德华认识岛上所有的孩子，他们像他的兄弟姐妹。学校对他来说是个舒适的成长环境。他所在的年级只有 7 个学生，岛上所有的孩子都在这所学校读书，他上高中的时候，依旧能见到幼儿园时期的老师。“就像在一个大家庭中长大。”他说道。

虽然亲密无间的社群关系十分美妙，但有一个主要的缺点：爱德华缺少和陌生人相处的经验。“我很害羞，”他说，“并为我的口音感到自卑，因为大家都以此取笑我。”爱德华通过他的大一室友，一个高他几届的丹吉尔岛人，认识了一些新人。但他并没能和他们任何一个有深入的交往。久而久之，爱德华感到很孤独，用他自己的话来说是得了“大学抑郁”。他想念他的朋友和家人。他想念丹吉尔岛。

爱德华解释，在丹吉尔岛，他总是可以找到外出玩耍的伙伴。到了晚上，年轻人总是聚在洛兰家海鲜大排档或史班奇冰激凌店。聚在一起也没什么正事可做，就是吃吃东西，聊聊近况，或者夜深之后在岛上闲逛。在大学里，他没有岛上那样的社交据点，也没有安心自在的朋友圈子。“你不会知道日常交流有多重要，在你失去它们之前，”爱德华说道，“失去之后，你才会想念那些鸡毛蒜皮，甚至毫无意义的对话，想念琐碎的日常，还有每天早上在学校里和相同的人见面。上了大学，这些统统都没有了，我不知道要如何跨过这道坎。”

直到毕业加入海军前，爱德华在交友方面的状况还是没有好转。“在海军里，你被迫逐渐认识更多的人，”爱德华说，“每隔几年，你就会被调任到其他地方，被迫重新建立新的关系网。”当爱德华年纪渐长，他变得更加自信，才摆脱了当初第一次离家的自卑和尴尬。

“离开的人，”爱德华说，“都会隐藏起自己的丹吉尔岛口音，并且努力让自己不被注意。但毕业后我发现，家乡可以成为开启话题的引子，是与陌生人破冰的最简单途径。他们会听你讲话，问你来自哪里。一些人以为我的口音是美国南部的方言，或是澳大利亚以及英国等其他地方的方言，所以你需要和他们解释你来自一个岛屿，顺理成章地开始谈论你的家乡，对话就这样自然而然地进行下去了。他们也会谈论他们的故乡，一来二去，友谊就此建立起来。”

爱德华最亲密的好友依旧是丹吉尔岛的人，但他在小小的岛屿之外建立了自己的另一个圈子。爱德华在海军服役十多年，认识了许多关系不错的朋友。“调遣派驻时在船上建立的友谊和其他友谊不一样，”他说，“你知道彼此离开了什么，以及那些离别有多么困难，所以你们会同心协力，共同完成使命。”当他见到以前一起派驻的船员时，即使当时他们并不是好朋友，也会因为曾有过共同的经历而倍感亲切。”

2010 年，爱德华爱上了一个来自艾奥瓦州的女人。他们的恋爱经受了几次考验。时间回溯到 2009 年，他们相识后的几周，爱德华被调遣去伊拉克一年。即使隔了大半个世界，他也和凯蒂每天都聊天。爱德华说，那些对话支撑着他度过了那一年。他们于 2011 年结婚了，现在居住在弗吉尼亚州的诺福克市，那是他们相遇的地方，育有一个三岁的女儿，名叫萝拉。

爱德华每隔五六周就回一趟丹吉尔岛，尽管他不觉得自己会再搬回去，他依旧说：“回家总是好的。”

我们都需要来自朋友、家人和伴侣的理解、关注和肯定；我们都需要接收和传递情感；我们需要找到自己的群体。换而言之，我们都需要找到归属。

研究表明，从一段关系或与一群人相处所受的益处之中，归属感是为人生带来意义的最重要动力。心理学家指出，当满足两个条件时，人们会感到有归属感。第一，在互相关怀中建立起关系。彼此感到被爱和被认同，就像爱德华派驻期间每天和凯蒂通话一样。当他人重视你、善待你，你会相信自己很重要。第二，和他人有高频率的愉快互动。那些互动可以是愉悦轻松的，比如亲子之间的玩耍，或是心境平和的，比如夫妻坐在一起看电视。但其中的关键在于这些互动是持续性的，并且是非消极的。爱德华还住在丹吉尔岛上的时候，每天可以见到他的朋友，和他们聊天，而上大学时他缺少这些日常互动，因此感到孤独。

虽然我们都需要归属感，但在 20 世纪初，许多有影响力的心理学家和医师——我们心灵和肉体的守护者，还不知道这项最基本的人类天性。孩子需要父母的爱和关怀才能拥有完整的、有意义的生活，这一观念在当时的医学界被认为是危险和幼稚的。但最后，科学家们努力的成果证明了幼时的经历对我们找到归属感是多么重要。

医生对父母关怀的不信任源自对一个可怕事实的本能反应：孩子们在父母的照料下死去。在 1850 年到 1900 年的美国，超过四分之一的孩子在 5 岁之前夭折。幸好，得益于科学家们（如路易·巴斯德）的伟大科研突破，医生们开始知道微小病原体可导致某些疾病，这被称为“微生物理论”。科学书作家黛博拉·布鲁姆说，虽然医学家们不能完全明白那些不可见的传染如何发生，但他们的理性反应是让细菌更难从一个人身上传染给另一个人。医生们为儿童医院病房创造无菌环境，正如一个纽约的儿童医师在 1942 年写道：“戴着口罩和帽子，反复搓洗手掌的护士和医生们小心翼翼地走路，以防感染上病房内的细菌。探访的父母严禁入内，工作人员也尽量做到不打扰病房内的婴儿。”同时，他们还建议父母在家时尽量减少对孩子的爱抚。亲吻、触碰、拥抱都是容易传播病菌的方式，不利于孩子的健康。

与此同时，行为心理学开始流行起来，理论心理学家开始把精力转移到抚育孩子的研究上。1928 年，原美国心理学会主席、行为主义创始人约翰·B. 华生出版了一本重要的著作《婴幼儿的心理照料》。在书中，华生警告人们“过度的母爱是危险的”。他指出，给孩子过多的爱容易宠坏孩子，造成性格缺陷，如脆弱、内向、恐惧、胆小和自卑。在今天的我们看来习以为常的行为，像拥抱、亲吻孩子，把孩子抱在大腿上等，都被华生批判为“情绪化”。布鲁姆写道，父母的爱具有强大的破坏性，华生认为可以“建一个婴儿养育场，容纳成百上千的婴儿，这些婴儿被带离父母身边，在农场里依据科学方法抚养长大”。

当时的人们十分推崇华生的理论。他的著作一跃成为畅销书，各大媒体争相报道。但华生的书没有讨论一个问题：像“婴儿养育场”这样的地方已经存在，那就是孤儿院。在 20 世纪初，孤儿院的儿童死亡率几乎达到 100%，也就是说，孤儿院里的每个孩子都在一两岁死去。为了让孩子摆脱导致他们最终死亡的病原体，具备科学精神的看护者们打造了完全无菌、干净的环境，就像医院病房的环境，同时倡导父母也在家中创造这种医学无菌环境。孤儿院的看护把孩子和人类的接触隔离开。孩子们的婴儿床彼此分隔，床顶挂着蚊帐，看护只有在必要的时候才会碰触那些孩子，可以说是几乎不会碰触他们。

在这种环境中抚养长大的孩子确实相对健康。但即使孤儿院和医院采取了如此极端的措施，还是有许多婴儿莫名其妙地生病和死亡。这些婴儿获得了营养丰富的食物、舒适的住所和全方位的传染病隔离保护，但他们依然出现感染、发热等症状。这到底是怎么回事呢？

这一谜题直到雷内·斯皮茨出现才得以解开。1945 年，斯皮茨发表了他的开创性研究结果，研究了“爱”在儿童健康状况中所扮演的角色。斯皮茨为了逃脱纳粹的迫害来到美国，他是当时学术界的先锋人物。在研究中，雷内对比了两组在不利条件下抚育的婴儿——一组婴儿住在某孤儿院，另一组婴儿住在纽约北部监狱，这些婴儿的母亲在此服刑。在孤儿院中的婴儿都不足三岁，被养在斯皮茨称为“单独隔离”的环境中，每一项措施都是为了防止细菌传播。看护们戴着口罩和手套，在每张婴儿床之间挂起薄帘，他们几乎不会触碰这些婴儿。

而监狱中的环境完全相反，婴儿们可以和其他伙伴自由玩耍，爬到彼此的床上，或者把玩具四处乱扔。最重要的是，母亲可以进入保育室和孩子相处、玩耍，安抚他们。

和孤儿院不同，保育室里的环境十分糟糕，容易滋生病菌。但斯皮茨在比较两组婴儿的死亡率后十分震惊。在研究结束之时，孤儿院中 88 个婴儿，死了 23 个，而监狱保育室里的婴儿全部存活。

研究结果粉碎了以前认为孤儿院里的婴儿死亡是由于感染了病菌的观念。斯皮茨指出，这些婴儿的死因是缺少爱而导致的健康程度下降。其中很可能还存在其他因素，导致了婴儿的死亡，譬如，缺少刺激性环境。但不可否认的是，在斯皮茨的研究中，那些婴儿的生活都缺少可以与之建立长期、亲密关系的成员参与，他们没法感知到舒服、安心、被接纳和被关怀。这些婴儿获得归属感的途径被切断。他们因此感到痛苦和挣扎。

在 1947 年纽约医学协会会议上，斯皮茨给同行放映了孤儿院里那些心理健康受损的婴儿的录像。这部黑白影片名叫《悲伤：婴儿期的危险》。最开始的字幕说，婴儿早期的全部人际关系来源于母亲或类似母亲的角色。而后，影片里一个叫简的小女孩被母亲抛弃在孤儿院门前。刚开始，简在孤儿院的生活依旧开心，充满活力。斯皮茨在婴儿床前和她玩耍、对她笑的时候，她也会对他开心地笑。随后，影片切换到一周以后。简已和当初判若两人，脸上露出忧伤的神情，带着搜寻的目光。当一名看护员像斯皮茨一周前那样，走到她的婴儿床前和她玩耍时，简却只是看了看看护员，然后大哭起来。斯皮茨过去安慰她，但没有效果。在被观察的三个月中，简的眼中经常噙满泪水，处于忧伤的状态。

其他的婴儿也经历了同样的遭遇。刚进孤儿院时，他们都是正常的婴儿，会笑，爱玩，对世界充满好奇。但在孤儿院待了三个月后，他们的性格完全改变了。他们的眼神变得空洞，容易受惊、焦虑。有一个婴儿在床上颤抖，就像得了精神病一般；还有一个婴儿拒绝与想和其亲近的看护员进行眼神接触，把头埋入床中。这些婴儿不会大声哭闹，只会发出“微弱的哭泣声”。

斯皮茨说，这些婴儿处于绝望的状态，他们就像在放弃自己的生命。那些过早结束的生命可以说是心碎而死的。现代科学解释了为什么：科学家们发现长期的孤独状态会让免疫系统受损，导致早亡。那些在孤儿院勉强活下来的孩子，身心都困苦不已。他们比在监狱保育室长大的孩子更弱小，更不自信，在社交上也更困难。

影片继续播放，而后出现了一条字幕："治疗的方法就是把母亲还给孩子们。"简再次出现在屏幕上，这一次她和母亲得以重逢。她不再用哭声拒绝斯皮茨的亲近，看护员抱着她的时候她也变得欢欣雀跃。但观看影片的心理学家和医生们知道简只是个特例。孤儿院中的大多数孩子永远都不会感受到类似父母关爱的情感。

这部影片让人心碎、震惊，至少让斯皮茨一个顽固的同事流下了泪。同时这部影片也让心理学家重新看待人的天性。最后，通过斯皮茨的研究，心理学家开始探索和认证幼年情感依恋的重要性。他们发现，不论老少，要过上充实、健康的生活，除了食物和住所，还需要其他东西。他们需要爱和关怀，需要归属于某人的感觉。

我们获得归属感的方式，会随着我们的生活轨迹而改变。在我们幼年时期，监护人对我们的爱是至关重要的；当我们长大后，我们从朋友、家庭成员和伴侣身上寻找归属感。不变的是，这些联系都十分重要，不可或缺。

但遗憾的是，很多人都缺乏这样的亲密关系。我们因网络而与他人产生的联系越多，社会隔离现象就越严重。大约 20% 的人认为孤独是"导致不幸福的主要因素"，美国 45 岁以上的中年人中有三分之一认为自己是孤独的。1985 年，综合社会调查机构询问美国人，在过去半年里和多少人谈论过重要事情，最常见的回答是“3 人”。到 2004 年再次发起这项调查时，最常见的回答成了“0 人”。

这些数据揭示的不仅仅是民众孤独情况的增加，还揭示了人们的生活缺乏意义这一问题。在调查中，我们把亲密关系列为意义的重要来源。调查结果表明，感到孤独和边缘化的人觉得自己的人生没有太大意义。

社会学之父埃米尔·杜尔凯姆百年前仙逝，但他对社会隔离和意义的见解，在如今看来同样十分中肯。在他开创性的实证研究著作《自杀论》（1897 年）里，杜尔凯姆研究了人们自杀的原因。他十分好奇，为何欧洲国家比其他国家的自杀率要高？为了找到答案，杜尔凯姆研究了自杀与各种因变量之间的关系，如婚姻、受教育程度和宗教信仰等。研究发现，自杀不仅仅是由个人烦恼引起的个别现象。自杀是一项社会问题。

在西方，我们认为个人主义和自由能让生活更美好。但杜尔凯姆的实证研究揭示了更复杂的情况。他发现当人们远离社群，不受社群的束缚时，更容易有自杀倾向。在崇尚个人主义、高度自给自足、与 21 世纪的欧美情况高度相似的地方，人口几乎不增长，而自杀率却在增长。

杜尔凯姆梳理了一些欧洲国家的数据（包括法国、瑞典、奥地利和意大利等）来证明各种社交关系对人的影响。在家庭方面，杜尔凯姆发现未婚人群自杀率普遍高于已婚人群。在宗教方面，新教徒自杀率高于天主教徒和犹太教徒。天主教徒和犹太教徒生活的社区邻里关系更加亲密，并拥有更高的宗教责任感。同样，受教育程度也与自杀率相关。受教育程度高的人，例如研究中的新教徒，倾向于离家去上学和工作，也正由于所受的教育，他们更倾向于挑战传统价值观念。与社会格格不入会让人孤独，但融入社群可以抵消这些效果。例如，杜尔凯姆研究中的犹太教徒也受到高等教育，但他们的凝聚力和传统信念使其不易产生自杀倾向。

与此同时，另一个低自杀率的成因，是能让人们团结起来和更有责任感的因素，如在战乱时期生存，或肩负供养一个大家庭的责任。杜尔凯姆认为，没有社群的约束和传统，社会会沦落到一种漫无目的的无序状态，在这种状态下，人们感到迷茫和绝望，他称之为“失范”。

近年的实证研究佐证了杜尔凯姆的观点。我在第一章描述了大石茂弘和迪纳的研究，其结果显示发达国家的自杀率高于贫困国家，同时发达国家的居民更容易认为人生没有意义，但在那一章中我没有解释原因。除了询问受访者关于意义的问题，研究者还收集了每个国家的人口和社会信息，涉及地域、教育、生育和个人主义等方面。他们在分析数据后发现，杜尔凯姆的观点是正确的。在发达国家，人们受教育程度更高，更加崇尚个人主义，养育的孩子数量更少，信教比例更低。

贫困国家的情况则截然相反：国民普遍受教育程度低，个人主义倾向较轻，宗教信仰程度更高，子女更多。大石茂弘和迪纳发现这些宗教相关因素让当地居民认为他们的人生更加有意义。

相似地，2010 年一项在高中生和大学生中展开的调查研究了导致精神疾病增加的原因。研究者们发现受访的年轻人明显比上几辈人更容易遭受精神疾病的困扰，这是因为当今学生群体对意义感的关注度下降，且社会亲密度普遍下降。澳大利亚研究学者理查德·埃克斯利和基斯·迪尔发现影响青少年自杀的社会因素与个人主义的几个维度有关，譬如个人自由和自主性，正和杜尔凯姆的观点类似。

鉴于当今的社会隔离现象越来越严重，尤其是许多传统社群正在消失，人们更迫切地需要积极寻找和融入社交圈子，努力建立亲密的社交关系。像爱德华一样，年轻人离开他们的小镇，甚至祖国，到外面去上学、工作或是见识更广大的世界。就整个社会而言，人们和朋友、邻居相处的时间越来越少，与电视、电话、电脑相处的时间越来越多——我们正在“把休闲时间私人化”，社会学家罗伯特·帕特南指出。同时，我们的生活越来越忙碌，移动性也更高，这让我们越发难以融入社区生活。美国人一生中平均至少搬家 11 次，而换工作的次数只多不少。我们与他人的距离正在以各种方式越发疏远。因此，我们面临的挑战是如何在这种趋势下与他人建立联系。幸运的是，我们依然有途径培养友谊。

2015 年的秋天，我来到俄亥俄州的克利夫兰市，参观人们如何特意聚在一起创建社群。当我走进位于城市南部的圣斯坦尼斯劳斯教堂（那是座宏伟的哥特式建筑），我看见数百人，各个年龄段的都有，一小撮一小撮地聚在一起，四周充满欢声笑语和愉悦的问候。

“该有……什么？已经 25 年没见了？”一个男人一边拥抱他的老友，一边大声喊道，“见到你真好！”

这场面像是大学同学聚会，除了他们穿着织锦和马裤。有人还拿着盾牌。这些人是“复古俱乐部”的成员。复古俱乐部是由中世纪文化狂热爱好者组成的国际组织。在日常生活中，他们是会计、学生、建筑工人、科学家，又或者为人父母。但在这些周末，他们穿上制作精良的服装，扮演中世纪的人物，进入一个虚幻的世界，那里充满了装甲战斗、骑士比武、皇宫殿堂。那天在克利夫兰，遍布全美中西部的 300 多名俱乐部成员，赶来参加这场俄国沙皇尼古拉和妻子赛琳娜的加冕仪式。

教堂里，女士们穿着层层叠叠的长裙，坐在长椅上摇着扇子，等待加冕仪式开始。腰间挂着佩剑的骑士们坐在身穿白纱、头戴皇冠的女士们身旁。一个穿着马裤的伯爵在和一个戴宽檐羽毛帽的公爵谈论晚上将要举办的盛宴。一群乐手穿着合身的亚麻袍子，用竖笛演奏 14 世纪的宫廷音乐。旁边矗立着未来“沙皇”和“皇后”的木质宝座，晚些时候“尼古拉”将在那里拄剑单膝下跪，以“国王”的名义庄重宣誓。

复古俱乐部成立于 1966 年 5 月，当时加州大学伯克利分校的研究生黛安娜·帕克森在花园里举办了中世纪主题派对。参加派对的大概有 50 人，全都穿着那个时代的服装。当有骑士比武胜出，骑士的女伴被加冕后，这群人觉得应该来一场游行，这就是后来的“20世纪60年代伯克利抗议运动”。他们在电报大道游行示威，“抗议20世纪”。

最初的50人团体在后来的60年间发展为一个拥有6000多名成员的国际组织。随着组织的壮大，俱乐部成员开始按地域划分“王国”，如包括俄亥俄州、密歇根州、印第安纳州、伊利诺伊州和一部分艾奥瓦州、肯塔基州和安大略市的“中央王国”。20个王国组成了“已知世界”，每一个王国由一个国王和王后统治，负责举办像我在克利夫兰参加的这种活动。每个夏天，来自各王国的俱乐部成员会在宾夕法尼亚的一处湖边度假胜地相聚两周，他们在湖边扎营、比武、授课、射击、跳舞，展示他们的艺术天赋，和老朋友叙旧。每年有超过一万名成员来参加这场“宾州之战”。当他们来到现场，门口的接待人员会和他们说一声“欢迎回家”。

复古俱乐部是一个不同寻常的组织，拥有非比寻常的凝聚力。这个社群之所以如此活跃，有以下几个理由，了解这几个理由，可以让我们更好地学习如何建立新的社交关系，以及维系已有的社交关系。

第一，复古俱乐部的架构鼓励人们为这个社群投入时间和精力。许多成员已加入俱乐部数十年，很多人在这期间养育了孩子，有些成员每年参加20~50场活动。复古俱乐部举办活动的频率尤其重要，因为研究发现，人们会对经常见面的人自然产生好感。复古俱乐部的高频率聚会有助于促进成员之间的感情。基于单次交往的文化，让我们很容易错过潜在的朋友或伴侣：如果双方第一次约会没有看对眼，通常不会再投入更多时间去进一步了解对方。复古俱乐部的成员有更多相聚的机会，这对他们建立亲近的关系有很大帮助。

第二，人们更喜欢和有共同经历或相近价值观的人交往。除了对中世纪的迷恋，俱乐部成员还有其共同坚守的骑士精神，如保持礼貌、乐于奉献、保持忠诚和崇尚荣誉。骑士中的模范会得到表彰或被授予“爵位”；在装甲战斗中表现优异者会被授予骑士勋章；精通中世纪艺术科学，诸如13世纪的彩色玻璃等知识的人会被授予桂冠勋章；乐于服务他人的典范会被授予鹈鹕勋章。这些美德鼓励俱乐部成员在组织内外尊重他人。这就是复古俱乐部成员拥有如此强烈的归属感的主要原因：他们知道自己的同伴无论如何都会努力做到尊重自己。“我不得不记住一件事，”一位男爵夫人跟我说，“我的本分就是爱他人，即使他们惹怒了我或让我感到不耐烦。”

霍华德是一名住在克利夫兰的光学物理学家，他自称“劳伦爵士”，加入复古俱乐部已有40多年了。“从小学到高中，我都被大家排挤，被认为是呆子和怪人。直到上了大学，”在装甲碰撞的铿锵声中他对我说，“我才终于有机会问自己：‘我想要成为什么样的人?’我可以选择。”霍华德选择成为一名“极客”，那时候“极客”还没有成为一种酷炫的身份。大二的某天，霍华德结束校队西洋剑训练，坐公交车回家的途中，一个男人注意到了他背包中露出的剑，主动上前和他聊天。这个男人是复古俱乐部的成员，在两人聊完西洋剑和中世纪决斗后，他立马邀请霍华德加入俱乐部。

“我小时候就跟人说，”霍华德说，“长大后我要当科学家和骑士。现在两件事我都做到了。”

凯特在联邦银行监管机构工作，在复古俱乐部认识了她的丈夫。30 多年前，她在 15 岁时加入了俱乐部，3 年后，在那里认识了现在的丈夫。在她 24 岁的时候他们结婚了。“如果我们没有相同的爱好，我们不可能遇到彼此。”复古俱乐部最具魅力之处，在于它尊重并欣赏每一个人不同寻常的兴趣爱好。凯特说：“我有一个朋友非常痴迷 14 世纪的木工手艺，另一个朋友喜欢像中世纪时期的人那样洗衣服，还有一个朋友对日本茶道非常着迷。不管你喜欢做什么，我们都能看到你的价值，因为你在和大家一起学习、分享。”

复古俱乐部为成员提供了一张牢固的关系网，让他们找到了归属感。在那场加冕仪式上，我认识了来自密苏里州圣路易斯的詹姆斯。詹姆斯说，在加入复古俱乐部之前，他是个不善社交的人，饱受抑郁症的折磨。他常常感到空虚，觉得自己是一个失败者。詹姆斯说，他花了将近 20 年才念完大学，现在他是一所社区大学的客座教授，“但那不是我想去的地方”。在复古俱乐部他负责组织活动，组织者的角色使他获得了满足感并受到成员的爱戴。他说复古俱乐部给了他自信，让他相信自己不仅能在社交场合游刃有余，还能为他人做出贡献。

几年前，在抑郁症发作时，詹姆斯进了精神病院，并受到严密的监视以防止他自杀。他出院后的第一件事就是找复古俱乐部的朋友吃饭。其中一个朋友跟他说：“你知道吗，詹姆斯，如果你离开了这个世界，我们所有人都会非常伤心。”简单的一句话，微小的一个支持举动，让詹姆斯十分珍惜。每当开始怀疑生活是否值得继续下去时，詹姆斯心中就会浮现这一幕，并感到慰藉，感到自己是被人牵挂着的。

和所有富有凝聚力的社群一样，复古俱乐部让一小群人建立起了亲密的感情。同时，它还让所有成员从中获得信任和支持。不管是好朋友还是普通的熟人，每个成员都认真对待彼此，并在需要帮助的时候互相依赖。几年前，一位中央王国的成员患了重病。虽然有医疗保险，但因病情过重无法工作而陷入了财务困难。中央王国的成员得知情况后，偷偷地拍卖他们自己制作的中世纪风格物品，为他筹钱。当卡特里娜飓风袭击新奥尔良时，全国各地的复古俱乐部成员给他们不曾谋面的路易斯安那州朋友筹钱、寄送食物和其他物资。一些人甚至自费去新奥尔良帮助受灾民众重建家园。

俱乐部成员感受到的服务、奉献和互助责任不仅仅是社群的衍生物，也是反过来维系这个社群的营养物质。正是这些纽带，以及对中世纪文化的共同爱好，让詹姆斯他们愿意回到这个社群中。“这是我的部落。”詹姆斯望向教堂里进行的西洋剑比赛，面露微笑。

虽然亲密关系对有意义的人生至关重要，但并不是我们必须经营的唯一社会纽带。心理学家还发现了关系中细微瞬间的重要性。一名研究者称，“高质量关系”是两个人之间积极、短暂的互动，像一对情侣手牵手散步，或者两个陌生人在飞机上的一次有共鸣的交谈。有时候，我们和他人在一起的时候会分神，但在高质量关系中，双方的注意力都集中在彼此身上，并互相给予积极的尊重和关心，双方因此都感觉受到了重视。高质量的关系对朋友或伴侣创建有意义的亲密关系而言十分重要，同时也让我们和熟人、同事以及陌生人之间的互动有意义。

乔纳森·夏皮罗，一名纽约企业家，每天早晨都要做同一件事。每天去上班的路上，乔纳森都要在同一条街的同一个小贩那里买一份报纸，那个小贩的报摊在上西城拥挤的地铁站旁边。虽然乔纳森和小贩都希望能赶快完成交易，继续各忙各的，但他们总是会花点时间说上两句。

买报纸、咖啡、日用品的行为听起来很商业，不带任何感情色彩。我们中的大多数人被困在自己的生活里，匆匆忙忙，奔波劳碌，因此我们会机械地将与我们产生互动的人当作达成目的的手段，而非把他们看作独立的个体。在这座世界上最大的城市之一，一天中最繁忙的时段里，成百上千人匆匆而过，乔纳森和报摊小贩抓住片刻让自己的生活慢下来。他们走出自己的生活圈，建立了简短的联系，让彼此感到被理解、重视、欣赏，在偌大的冷漠城市里感到不那么孤独。

一天，乔纳森去买报纸的时候发现自己只有大面额的现金。小贩找不开乔纳森的 20 美元，咧开嘴笑着说：“不要紧，你明天再付就好了。”但乔纳森紧张地摇了摇头，坚持要给钱。他走进一家便利店，买了一些无关紧要的东西把钱破开。他给了小贩 1 美元，说道：“给，这样我就不用担心我会忘记了。”

在那一刻，他们之间的关系变了。小贩不情愿地拿走了乔纳森递过来的钱，失落地收进口袋。

后来乔纳森说：“我做错了，我没有接受他的好意。他想做些有意义的事，我却只把它当作了一次交易。”

当然，报摊小贩不是唯一一个因遭拒绝而失望的人。心理学家发现，即使是在和陌生人互动的过程中，社交排斥对意义也是一种威胁。在一次实验中，大学生们被带进实验室，分成若干小组，被安排和另一个人交谈 15 分钟。然后每个学生被单独带进独立的房间，并被告知可以再选两个人进来聊天，但实验人员未将学生们点到的两人带入房间。实验人员将房间内的学生随机分为两组，一半学生被告知，他们点到的两个人都想有再次和他们交谈的机会；另一半学生被告知他挑选的两个人都不想再和他交谈。你可以想象那些回应给学生们带来了什么样的感受。被拒绝的学生认为自己不属于这个群体，也就更容易认为人生没有意义。其他研究发现，被拒绝的参与者同样认为自己的人生没有价值。

心理学家还意外地发现，社交排斥让被拒者和拒绝者都感到孤立和轻视。正如乔纳森在人潮汹涌的上西城街角得到的教训，小小的拒绝可以毁掉一段关系的意义，就像细微的归属感可以瞬间、轻松地建立起一段有意义的关系。乔纳森打破了报摊小贩对两人关系的信任感，所以那天早上乔纳森和小贩都感到自己低微。

庆幸的是，二人重建了友谊。再次见到报摊小贩的时候，乔纳森给他带了杯茶。在小贩再次免费送了乔纳森一份报纸的时候，乔纳森谦恭地接受了他的好意。他们恢复了每天都聊上两句的交情。

密歇根大学组织心理学家简·达顿和她的同事艾米丽·希菲创造了“高质量关系”这个词。达顿研究了我们在工作场合的互动方式，发现工作中的人际关系不仅对我们的工作影响深远，也对我们的整个生活影响重大。由于工作占据人们最多的非睡眠时间，所以这个结果并不出人意料。但这说明，如果人们在工作中得不到归属感，就会觉得工作和生活都没有意义。

在一项研究中，达顿和她的同事采访了美国中西部一家大医院的清洁人员和门卫。他们把研究重点放在清洁人员身上，因为他们对医院的日常运作起关键作用，但却常常被忽略和歧视。他们的苦差事常常不被社会尊重。人们常说医生和护士救死扶伤，意义非凡，却不会说清扫厕所是一件多么有意义的事。

达顿和她的同事随机采访了 28 位清洁工，了解他们的工作、职责以及如何看待清洁工作的重要性，还有他们在工作中的人际关系，包括与医生、护士、病人和探病者的关系。研究者尤其感兴趣的是，清洁工们是否会感觉受到工作伙伴的尊重，他们的归属感需求是否被满足。

清洁工们讲了 200 多个工作中发生的故事。研究者们分析这些故事时，发现归属感在人们的工作中具有强大力量。同时也发现，短暂的互动可能带来严重的伤害。清洁工们感到不被同事尊重时，往往会觉得工作没有意义。

清洁工们最常遇到的轻蔑态度是受到忽视，尤其是医生常常这样做。一位叫哈里的清洁工说道：“医生好像当我们不存在，比如说，我们在走廊干活时，他们根本不在意我们在做什么。”一个清洁工可能在走廊里扫地，但一群医生正挡着路，按照哈里的说法，这意味着“你必须叫对方让一下，对同一个医生每天重复同样的话”。其他几位清洁工也提到了类似的故事。清洁工们觉得医生对他们的工作毫不尊重，也不在乎他们在做什么。这就像对清洁工们说，他们根本不存在，他们的工作也没有意义。一位叫希娜的清洁工告诉研究者：“有时候你会有种感觉，就像是，他们觉得自己比你更重要。我知道他们的工作很重要，但我认为使医院保持洁净同样也很重要。”

清洁工们最常提到的是，每天共事的医生和护士在走廊碰见时只会从他们身边走过，一声招呼都不打。一个清洁工说这种被忽视的情况让她觉得自己像个“飘浮在外围向内张望的透明人”。另一个清洁工谈起病人和探病者对他们的不尊重，他说，探病者经常从他正在打扫的区域经过，“我想这暗示了他们并不在意正在搞清洁的人”。

幸好清洁工们不只有这样负面的人际关系。病人口中的一句“早上好”可以包含许多意义。“他看你的眼神像是在看一个人，你懂吗？”凯文谈到在病房里打扫的时候，一个病人跟他打招呼。另一个清洁工说当病人向他们表达感激之情时，他会感到自己的工作很有意义。“并没有人要求他们道谢。”他说道。毕竟打扫病房就是他们的工作。“这些话语让我感到被重视。”

与同事相处的正面经历同样让清洁工们获得归属感。一位叫本的清洁工讲了一个带病上班的故事。那天他本该做擦地板的工作，但胃疼得厉害，他痛苦地俯身，握着拖把。一个医生上前问他怎么了，本把症状告诉了医生。医生判断他得了胃溃疡（最后诊断结果显示他确实得了胃溃疡）。这似乎是一个医生上前主动和本说话的故事，但重点在于那次偶遇后医生对待他的态度。每次医生在医院见到他，都会问一句："嘿，本，最近怎么样啊？身体好点了吗？"医生对本表示关心，这一举动让本觉得自己受到了尊重。

还有一位叫科里的清洁工讲到一起共事的护士令他觉得自己是团队的一员。护士们要把病人从一张床挪到另一张床，或从一间房移到另一间房，这时他就会帮助他们，反过来，护士不仅把他纳入他们的专业工作中，也纳入社交聚会中："他们办聚餐、吃便饭，有甜甜圈、卷饼或咖啡的时候，也会邀请我一起吃……我感到他们尊重我，感到自己有人缘。"

当医院清洁工体验过这些高质量关系后，他们看待工作的态度会有所改观。他们会把自己看作护理者，而不仅仅是清洁工，同时他们也会拥有更高的使命感——医治病患。相反，细小的轻视举动会使他们重新审视自己工作的意义，怀疑自己的工作能力，更有甚者会怀疑自己的人生价值。

高质量关系的魅力在于，你不必改换工作环境，也能创造意义。每一个人，每一种岗位，只需要简单地建立细微联系，就可以改变自己与同事的感受，从而产生翻天覆地的力量。达顿发现高质量关系可以让员工的精神和身体状态焕然一新，可以让机构更好地运作，使员工感到更加精力充沛，工作参与度更高，遇到挫折和困难时抗压能力更强，团队合作也更加顺利。团队归属感可以让普通的工作变得更有价值，更值得投入。是的，简短的互动可能让人受到贬损，但同样也能给人带来增益。

我们不能控制他人是否与我们建立高质量关系，但我们可以主动发起或回应高质量的互动。我们可以决定对烦人的同事给予友善的回应，而不是恶意的敌对；我们可以选择和街上的陌生人打招呼，而不是挪开眼神；我们可以欣赏他人而不是贬低他人。我们可以为他人带来归属感。

亲密关系和高质量关系拥有一个重要的共同点：两者都要求我们关注他人。雷内·斯皮茨努力地安慰婴儿简，或是复古俱乐部成员为新奥尔良的受灾民众出钱出力，或是在达顿的研究中医生帮本治疗胃病，这些人都把他人的需求放在自己之上，在他人遇到困难时伸出援手，为他人克服困难而感动，也为改善他人生活而出力。接受他们善意的人也同样得到升华。

同情心是归属感的中心支柱。当我们向他人敞开心扉，抱着爱与善意接近他人，我们可以让自己和身边的人都感到振奋，善意也会永存于世。释迦牟尼的人生故事可以被看作一个具有启发性的寓言。释迦牟尼在菩提树下顿悟之后，他倾尽一生，长途跋涉穿越印度，向人们传授佛法教义——佛教的基本思想是，人生诸多的苦难皆因人心中无尽的欲望而生，我们可以通过培育智慧，循德修身，冥想修心，把自己从苦难中解救出来。

释迦牟尼 80 岁的时候，依旧穿着长袍，光着脚行走于印度大地，但精神不复当年。他说：“我老了，快要油尽灯枯了，像一架破烂不堪的马车，靠着脆弱的布绳勉强支撑起来。”

在前往一个小村落的路上，释迦牟尼逐渐衰弱。他到达的时候，当地一个叫纯陀的铁匠热情地招呼他进食，释迦牟尼知道食物因处理不当而有毒性，但他不想拒绝纯陀的好意，伤害对方的感情。尽管知道吃了这些食物会病倒，释迦牟尼还是把它们吃完了。佛陀吃了纯陀铁匠给的食物，没多久就得了严重的痢疾，遭受剧痛的折磨。

释迦牟尼明白自己时日无多，再次向纯陀表达了同情。释迦牟尼对他的弟子阿难说道：“不久之后，会有人对纯陀说：‘你的行为并没有让你得到升华，反而造成了损失，释迦牟尼就是吃了你施舍的食物而死。’这些话会使纯陀陷入自责和悔恨。”

释迦牟尼吩咐弟子帮助纯陀减轻愧疚感，还让弟子告诉纯陀，他在释迦牟尼的生命中占据不可替代的位置，毕竟纯陀给了释迦牟尼最后一顿饭。佛陀对弟子解释道：“有两种供养的果报一样，比其他供养的果报更大、利益更大。是哪两种呢？一种是佛陀悟道前吃下的食物，另一种是佛陀涅槃前吃下的食物。”换而言之，纯陀提供的这顿饭是释迦牟尼一生中最重要的两餐之一。

其实释迦牟尼并非必须在生命尽头还要对纯陀展现关怀。当时他已病入膏肓，遭受剧痛折磨。与其担心无意中毒害了他的铁匠的将来，倒不如利用最后的时间进入禅定状态，或者感悟佛法精髓。但他没有这样做。相反，他关注着纯陀，并向纯陀保证，两人之间建立的关系是有意义的。

释迦牟尼的故事给了我们一个启示。追寻意义不是超脱世俗的哲学拷问，意义也不是我们为自己制造出来的东西。相反，大多数时候意义存在于他人身上。只有关注他人，我们才能为自己和对方建造“归属感”这一支柱。如果我们想要在生活中找到意义，就必须通过接触外部来获得。

第三章

使　命

阿什莉·里奇蒙的大量工作时间都放在清洁畜棚里的粪便上。她工时很长，几乎没有假期，赚的钱却比同龄大学生少很多。工作一天，她常感到腰酸背痛，但她却说这是她理想的工作："我真的不能想象自己怎么干其他的活儿。"

阿什莉是底特律动物园的管理员，每天照顾长颈鹿、袋鼠和沙袋鼠。小时候她的理想就是做动物园管理员。最早的记忆可以追溯到她 3 岁那年，阿什莉随家人坐车游览加拿大的野生动物园，一只长颈鹿靠近他们的车，把头伸进了车窗。"每个人，我所有的姐妹都在尖叫，但我一直在笑，还想把手伸进它的嘴巴，"她说，"从那时候起，我就对动物情有独钟。"阿什莉 6 岁那年，一个邻居为了课程活动孵化了一只宠物鸟。阿什莉被迷住了。她想赶快长大，这样就可以上生物课，也有机会照料鸟蛋了。仅仅几年之后，她就负责照顾和训练她家的宠物狗了。

阿什莉 9 岁的时候，一位亲戚注意到了她对动物的热爱，告诉她可以考虑长大后做一位动物园管理员。那是阿什莉第一次知道动物园管理员这个职业，在深入了解后，她就知道这是她命中注定要从事的职业。上六年级的时候，阿什莉被要求描述关于未来5年、10年和15年后自己理想生活的蓝图。阿什莉写道，她想去密歇根州立大学攻读动物学，然后到底特律动物园工作。

2006年，阿什莉获得了密歇根州立大学动物学学士学位，而后在底特律动物园一直工作至今。

我第一次见到阿什莉是在长颈鹿喂养台，从那里可以俯瞰底特律动物园的长颈鹿栖息地。阿什莉手上沾着泥巴，怀里抱着一捆树枝。"不好意思，我身上有点脏。"她说道。她把树枝往地上一放，捡起一根，直直地举起。

"从那堆树枝中拿一根，"她说，"然后双手紧紧地握着它。"

一只名叫贾巴里的长颈鹿朝我们飞奔而来。它身上栗褐色的花纹在10月的阳光下闪闪发亮。

"贾巴里很友好。"我伸手去摸贾巴里的口鼻时，阿什莉说道，"但它不喜欢被当作宠物。"栖息地另一头的是贾巴里的配偶基伏莉和它们一岁的孩子姆潘基，"姆潘基"在斯瓦希里语中意为"爱"。贾巴里嗅了嗅我手中的树叶，哼了几声，然后跑开了。

阿什莉把树枝拨得沙沙作响，喊了几声贾巴里的名字，想把它引回来。贾巴里跑回来后又嗅了嗅我手中的树枝。它在吃树枝顶端的叶子时，差点把整条树枝从我手中拽了出去。几秒钟的工夫，它就把整条树枝的叶子都啃光了。我放下树枝，开始做笔记。贾巴里弯下脖子，越过喂养台的木栏，鼻子沿着我写字的纸张边缘蹭来蹭去。它抬起头，直勾勾地看着我，脖子长而强健，拱起波浪般的弧度，鼻尖和我的脸十分贴近。

“它是个好奇心很重的家伙。”阿什莉说道。

这次喂食练习是体现动物园“环境多样性”的一个例子。在动物园，野生动物的生活很顺利，就像这些长颈鹿。管理员按时给它们喂食，把它们保护起来，不受病害侵袭，也不用担心被猎杀。虽然这些动物的寿命可能会因动物园的安全环境而较长，但它们的生活却不一定比在野外更有趣。阿什莉跟我说，她在动物园里的角色就是尽己所能，让被她看护的这些仍旧带有野性的动物生活得更丰富、更快乐、更有趣。“我不能还它们一个野外环境，”她说，“但我努力帮它们过上正常的生活。”

动物园管理员们就是通过制造“环境多样性”来努力达成这一使命的。他们移动石头或树枝打造多样化的环境，好让动物玩耍；把食物藏起来，让动物自己去找；或者让它们有东西可玩。这为动物的生存环境增添了未知性，让它们的动物园生活变得更加刺激有趣。环境多样性也让动物多了一份对周边环境的掌控感，这对它们的幸福而言至关重要。例如，贾巴里选择参加喂食活动，而基伏莉和姆潘基选择不参与。

“我们努力让它们可以正常生活，”阿什莉说，“长颈鹿一生中大多数时间都在吃，所以我尝试用各种新鲜的、有挑战性的方式喂它们。”这对阿什莉来说也是个挑战：她必须不断思考如何让环境更有趣，以免让这些动物感到无聊。

管理员看到动物行为正常的时候就知道它们生活健康。一岁的姆潘基把一侧身体撞向贾巴里，贾巴里再撞回去。由于受到父亲的撞击，姆潘基的脖子摆到了左边。然后，它们的脖子互相拍打，交缠到一起。我问阿什莉它们在做什么，阿什莉说："它们在用脖子角力。贾巴里在教它儿子怎么在野外生存。"

阿什莉加入底特律动物园时，正值动物园处于发展历程的分水岭。过去 40 年，动物园存在的意义经历了一场重大变迁。曾经动物园最重要的使命是取悦大众，动物仅仅是取悦大众的工具。20 世纪 80 年代末，底特律动物园有个广受欢迎的黑猩猩表演节目，让猩猩们穿着滑稽的小丑服装，耍一些诸如骑三轮车、用茶杯喝茶的把戏。如今，高级的动物园（如底特律动物园）把自己的使命定为保证动物的幸福，为世界物种保护和自然栖息地保护做贡献。

"动物至上"一直是阿什莉的信念。这样做的并不止她一个人。社会学家斯图亚特·邦德森和杰弗瑞·汤普森指出，动物管理员通常有强烈的使命感。他们常把自己的工作形容为天职——他们从小就知道自己命中注定要从事与动物相关的职业，这源于他们和动物之间超自然的感应、理解和关爱。研究者发现，动物管理员愿意牺牲金钱、时间、安逸和地位，因为他们坚信自己有义务让被圈养的脆弱生物过得更好。同时，他们在达成这种使命的路上收获了巨大的意义感。

阿什莉就抱着这种信念。她把 20% 的时间花在有趣或有挑战的工作上，训练动物或者为它们的生活环境打造多样性；另外 80% 的时间则花在了更日常的事情上，譬如打扫动物的栖息地。这些工作看似微不足道，但对阿什莉来说却很有意义，因为它们与宏大的使命相连。“保持院子和马厩干净十分重要，”阿什莉说，“因为这对动物有好处，可以让它们保持健康。我每天的小目标就是确保它们喜欢自己的生活环境，其中尤为关键的一点就是让它们居住在干净的地方。”

“使命”一词听起来似乎十分宏大，常让我们联想到“愿世界不再有饥荒”或者“我们要消除核武器”这些伟大目标。但其实不然。有目标的生活可以是立志培养好自己的孩子，可以是努力营造良好的工作氛围，也可以是打理好小区的花园。

斯坦福大学发展心理学家威廉·达蒙指出，使命有两个重要的维度。

第一，使命是一个长期稳定的目标。我们大多数的目标是平凡的、直接的，比如准时上班、健身锻炼或动手下厨。相比之下，使命是需要我们持续努力的方向，是我们的指路标，它鞭策我们的行动，指引我们的生活。

第二，使命和社会贡献之间存在关联。达蒙和他的同事写道：“使命是个人追寻意义的一部分，同时也受外部因素影响——渴望能够改变世界，希望对自我以外更大的存在有所贡献。”这些贡献可以是促进人权发展，缩小不同种族、地区在教育上的落差这样的大善事，也可以是较低层次的贡献，青少年帮家人打扫卫生、做饭、照顾兄弟姐妹，同样可以获得强烈的使命感。

拥有使命的人对自己的状态感到满意，并认为人生充满意义。

他们更加坚强、积极，为了实现目标跨越人生的起起落落。不能在日常生活中找到目标的人则容易漫无目的地虚度人生。2003 年到 2007 年间，在达蒙和同事共同完成的一项大规模研究中，他们发现 12 岁至 22 岁的年轻人中只有 20% 拥有符合社会道德规范的完整目标构想，并持续为之奋斗。这些有目标的年轻人在学校更加努力且成绩优秀，较少出现吸毒等高危行为。其余八成的研究对象，则并不明确自己的生活将要何去何从，其中许多人虽然制订过长远目标，但并不知道要如何实现，或是不清楚这些目标对他们来说是否有意义。四分之一的年轻人“处于散漫状态，表示自己基本上没有目标”。

20 年前，科斯·马尔特曾经是这群漫无目的的孩子中的一员。20 世纪 80 年代至 90 年代，科斯成长于纽约下东区，和他的父母、两个姐姐、一个弟弟一起生活。小时候的科斯特别调皮，经常惹事。他高中时期曾三次转学，屡次因犯校规（诸如抽烟、打架）而被开除。即便如此，他的成绩在班里依旧名列前茅，顺利毕业。“我不用努力也可以考出好成绩。”他说。科斯聪明、有抱负，并且只要他想努力，就能做得很好。

科斯的父亲是从多米尼加共和国来到美国的移民，经营着一家杂货铺。科斯在他父亲的店里帮忙收银，打扫和整理仓库。平时他还捡瓶瓶罐罐来卖。科斯痛恨自己的贫穷，极度渴望能改变这种命运。“我总是骗其他孩子的东西，”他说，“看见其他孩子有比我好的东西，我很想要，所以我疯狂地想要赚钱。”

凭借他的干劲儿和聪慧，科斯本可以像他其他的兄弟姐妹那样上大学，毕业后到高盛、IBM（美国著名信息技术公司）这样的大公司工作。但他没有走上这条光明大道，而是开始贩毒。

20 世纪八九十年代，纽约的犯罪率激增，而下东区是毒品交易的中心地带。科斯回忆说那时的街角站满了排队买毒品的瘾君子。毒贩把毒品放在篮子里，用绳子将它从楼上公寓传到楼下买家手上，买家拿到货后则把钱放到篮子里，毒贩再把篮子吊上去。

科斯小小年纪就加入了贩毒团伙。他 11 岁开始抽大麻，13 岁开始卖大麻，几年后又开始卖可卡因。科斯 16 岁时，从一位毒贩大佬手上接管了埃尔德里奇和布鲁姆最赚钱的街角，成为这片区域的毒贩管理者。

科斯是天生的商人，很有生意头脑。他看到下东区的经济发展越来越好。到 2000 年，陆陆续续有许多年轻的律师、金融家涌进科斯所在的社区，科斯觉得如果把市场扩大到这些人身上，他的生意会蓬勃发展起来。他印了一万张名片，上面写着“节日派对服务：规模不限，全天候接待”，然后在这句业务介绍下方附上自己的联系电话。然后他穿上一套帅气的西装，打上领结，前往附近一家叫“美丽结局”的时髦酒吧，派发名片给里面的雅痞。他开创了所谓的可卡因与大麻“私密配送服务”。客人在电话里下单，科斯的手下开着豪车把货送到他们手上。

科斯 19 岁时就已经年入 200 万美元了。他衣着光鲜，出入以豪车代步，在纽约添置了多处房产。10 年前他不甘心做一个贫民窟里的穷小子，现在他实现了自己的梦想。但在实现梦想后不久，科斯发现变成有钱人和找到人生目标不是一回事。

科斯的美梦幻灭于2009年4月的一个晚上。当时23岁的科斯在联系他的手下，但没有一个人接电话。“所以我想搞清楚究竟发生了什么，”科斯说，“我拿了一包货出门，亲自去送货。”当时联邦调查局的人守在他门外，正准备破门而入。科斯试图逃跑，但被特工抓住了。他们还在科斯的屋里搜出了两磅①可卡因和5000美元现钞。他和其他八名手下于那年纽约最大的缉毒行动中落网。

科斯被判入狱7年，但他并没有很担忧。从13岁起，他就是各种劳教所的常客，他纯粹把这些经历当作“一场公路旅行”。但当他被送到北部的监狱时，那里的医生给他带来一个坏消息：他可能会死在监狱里。他的胆固醇和血压都处于高水平，如果不开始健康饮食，很有可能导致心脏病发，一命呜呼。

医生的一席话点醒了他。身高1.72米，体重却重达104公斤的科斯从来都没运动过。他在纽约时就算去几米以外的商店买东西也都开车前往。在监狱里他开始运动，改善饮食。开始时狱友都嘲笑他，因为他一次引体向上都做不了。但他决心改变，开始每天做10到15分钟的有氧运动。几个月后，他已经可以连续运动两小时了，总共减掉了30公斤的体重。

更健康的生活方式给科斯带来新认知：他想尝试和以前完全不一样的生活方式。但想和做是两码事。在监狱里，科斯依旧嗑药，还贩卖用水果酿制的私酒。

后来科斯在监狱里当起了私人健身教练，教狱友后来做一些

---

① 1磅约等于0.45千克。——编者注

适合在牢房里做的运动。“帮助别人能给我带来力量：人们来找我，请教我一些事情该怎么做，我把所知道的知识分享给他们。”他成功让二十多个狱友摆脱了肥胖。一个体重达 145 公斤的男人，大家叫他“肥皮”，在科斯的帮助下减了 36 公斤。“他哭着说：‘谢谢你，我从来没有这么健康过。我以前就是个大胖子。’”

这些经历给科斯带来满足感，但他在认清自己的人生使命之前还需要碰一下壁。在出狱前，科斯因与狱警发生争执被单独拘禁 30 天。在单独拘禁期间，狱方只给他提供了纸、笔、信封和一本《圣经》。他给家人写了一封信，解释自己不能按时出狱回家的原因，并叙述了自己“糟糕透顶的现状”。写完信后，他发现寄不出去，因为他没有邮票。

之后几天，科斯一直在思索如何把信寄给家人。就在那时，科斯收到了姐姐的来信，他姐姐是个虔诚的天主教信徒。她在信中建议科斯阅读《圣经》中的“诗篇”第 91 节，那是一首美丽的诗歌，关于上帝守护他受苦受难的信徒们。“我不信上帝，也不信任何宗教，我还说，‘去他妈的，我才不读这玩意儿，简直是浪费时间’。”但后来他回心转意：“我发现我所拥有的也只剩时间了，所以决定翻一翻《圣经》。”他直接翻到“诗篇”第 91 节。“当我打开那一页，一张邮票从书页中间掉了出来。我起了一身的鸡皮疙瘩。那一刻，我觉得不可思议。”

那一瞬间改变了科斯的人生。“我把《圣经》从头读到尾，意识到自己一直在做糊涂事。我从来没有做过对社会有益的事情。以前我从未想过贩毒是在作恶，以为它不过是一份工作。我只想着怎么搞钱。但现在我认识到自己伤害了家人和那些向我购买毒品的人。我想：我毁掉了那么多人的生活，不知道怎样才能弥补他们。”

后来，通过鼓励别人健身和过上健康的生活，科斯意识到自己正在弥补之前犯下的错误。科斯决定帮助他人通过健身来提升自我，他认为这是他能为社会做的特殊贡献。这个想法激励了他。他给健身中心写了一份商业计划书。“我用《圣经》书页边缘做尺子，画了一张数据表，参考牛奶盒上印的营养成分信息，设计了一份营养计划。”从单独拘禁室里出来，科斯对自己发誓，以后不再贩毒，他于 2013 年 3 月出狱回家。

回到纽约的时候，科斯身无分文。他在狱中花光了所有的钱，政府也收缴了他所有的财产。在科斯重建生活期间，他睡在他母亲家的沙发上。“我几乎去了所有的公益机构，帮我摆脱困境，那都是我以前不会去的地方，”科斯说道，“但我放下自负，开始寻求帮助。”他白天在公益商店里做文书工作，晚上利用闲暇时间琢磨如何重新创业。

科斯曾去过的其中一个公益机构叫“Defy 创投”，他们的使命是帮助从前干不正当生意的人成立正规公司，也就是“江湖浪子改造营”。科斯完成了他们提供的商业教育课程。出狱后仅两个月，科斯凭借在单独拘禁期间完成的商业计划书在商业比赛中获得了冠军。

2014 年，科斯用比赛赢得的奖金在下东区开了一家叫“科斯运动”的健身工作室，专门教授监狱式的运动。他独创的运动专为减重而设计，且适合在狭小空间里完成，像监狱牢房和郊区公寓等地方。2014 年，我第一次和科斯谈话的时候，他的健身房已有 350 名客户，他还一直在公益商店里全职工作以支持开销。随后一个月，店里的客户数量翻倍，科斯希望能从个人投资者手中筹集资金。到 2016 年，他拥有了 5000 名客户，筹到了 12. 5 万美元。之后，科斯将公司重新命名为“康体健身”，并辞去了公益商店的工作，全职运营他的公司。

“我一直盼望着能有自己的事业，从毒品中走出来，也希望能赚大把的钱。”他告诉我。在后来的一段时间里，他用自己的商业天赋发明了一款对他的客户有益的产品。科斯的顾客大多数是年轻的职业精英，“就像我以前贩毒时的那帮客人一样。”但如今，科斯以完全不同的方式去影响客户的生活。

科斯的故事中蕴含一个重要的启示：想要生活得有使命感，需要有自我反省和自我认知的能力。我们每个人都拥有不同的能力、天赋、观念和经历，这些差异塑造了现在的我们。因此，我们每个人都拥有不同的使命，一个符合我们自我认知和价值观的使命——一个符合我们身份的使命。

20 世纪著名心理学家爱利克·埃里克森认为身份具有复杂性和多面性；它不仅涉及我们是谁，还关乎我们从哪里来，我们要到哪里去，我们如何与社会以及更广阔的世界相处。一个对自己的身份有清晰认知的人知道自己的核心信仰、价值观、人生目标，以及他所在的社群如何塑造了他自身。这样的人能够回答人们青年时期经常碰到的核心问题：我是什么样的人？我想成为什么样的人？但需要明白的是，身份不是一成不变的。在人生的每个阶段，我们都需要主动地重新审视、回答这些问题。迈向人生尽头的时候，就不再是问“我想成为什么样的人”，而是问自己：“我曾经是个什么样的人？我对此满意吗？”埃里克森认为，一个遵从自己的价值观生活，并完成了人生目标的人会感到“自我完整”，而非“绝望”。

得克萨斯农工大学的研究人员证明了身份和使命之间存在紧密的关系，并且指出自我认知是预测生命意义的一项重要指标。在一项研究中，丽贝卡·施莱格尔和其带领的一组心理学家让大学生列出十项最能代表他们真实自我的特征，而不是有时候在他人面前展现出来的虚构表象。

大约一个月后，这些大学生重新回到实验室，来完成研究的第二部分。学生们在电脑上完成随机任务的时候，研究者刻意在电脑屏幕上闪放学生们曾用来形容真实自我的词语，播放时间仅40毫秒，让被研究者在视觉上和意识上来不及做出反应。在潜意识上被提醒真实自我的学生与参与研究之前相比，给人生的意义程度打分更高。被提醒，甚至是潜意识里被暗示真实的自我，可以让人感到生活更加有意义。

这种现象是有原因的。“我们在文化上共同的意义来源正在逐渐萎缩，”施莱格尔说，“所以人们不得不转向内在探索，寻找最合适的生活方式。认识自我则是探索之旅的第一步。”了解自己的人可以根据自身价值观和技能选择道路。例如，一个人拥有充沛的爱和热情，他可能会成为伟大的教育者，但也不必为了发挥天赋而改变职业道路，他完全可以发挥他的长处，成为一名律师，用爱和热情服务他的客户。研究者发现，人们在工作中发挥自身长处，可以让他们在工作里找到更多的意义，从而表现得更好。当使命与自身核心价值观及兴趣一致时，他们会更加满足，同时更具竞争力；他们也很可能咬紧牙关，经历重重挑战，最终达成目标。换而言之，他们使命感更强。

在布鲁克林工作的摄影师孟加莉·夏尔马的故事，揭示了身份在帮助我们找到人生使命时的重要性。作为一名艺术家，孟加莉的使命与她的身份和背景紧密相关。从她的发现之旅中可以看出，我们是如何认识自我的。

孟加莉生于印度孟买。她在印度教家庭里长大，宗教存在于她生活的各个角落。童年时期，她家中摆满了神像，她看过的电视剧（如《摩诃婆罗多》和《罗摩衍那》）也都是古印度教史诗题材，那些神话故事伴随她长大。每次孟加莉和父母一起度假，母亲就带她去附近的印度教神殿里参拜，有些神殿的历史已超过500年。孟加莉怀着敬畏之心站在那些神的画像和雕像面前，例如世界的守护神毗湿奴，还有主宰毁灭的神祇湿婆（其经常以在恶魔身后跳舞的形象出现在画中）。

还是孩童的孟加莉仰望着这些神祇，“达善”（darshan）在心中一闪而过。“达善”一词在梵文里指“瞥见”或“看见”，意为看见某事物的本质。在印度教中，达善指在朝拜中与神产生瞬间的相通。孟加莉只是偶尔在神殿上有过这种经历，但这些瞬间却在她的脑海中留下了印记。

虽然孟加莉成年后一直都投身艺术，但她年轻时并未想过去当一名艺术家。她本想做一名营养师，但在孟买上了大学后，厚厚的教科书和长长一串热量表把孟加莉搞得头晕眼花，她决定改读视觉传播，虽然不知道读了这个专业可以干什么。

但后来孟加莉有了意外的收获。在导师的帮助下，孟加莉开始发现她的使命所在。大一的摄影课要求学生随时随地拍摄照片。到了期末，她摄影专业的教授授予她一项“年度最佳学生”奖。

孟加莉十分惊讶。“真的？我真的有那么棒吗？”她很好奇，“这个消息令我喜出望外。我只是随便拍拍照片，并没有花费多少心思。那如果我开始花点心思在这上面，会怎样呢？“

时至今日，孟加莉已经举办过了国际性的摄影展，但作为一名艺术家，她认为当年教授授予的奖项才是对她最有意义的认可。教授不仅唤醒了孟加莉在艺术上的天赋，也鼓励她到美国去深造。2001 年，孟加莉入学俄亥俄州的哥伦布艺术与设计学院。

在那里，她经历了“文化冲击”。举个例子，她以前对美国的认知来源于好莱坞。到达哥伦布市的时候，她环视四周，不禁好奇：“人们都去哪儿了？”她感到孤独，想念家乡，但最后她调整了心态——并且很快意识到那些疏离感可以转化成艺术创作的灵感。“当你被迫离开自己的舒适区，体验过疏离感，神奇的事情就会发生。”对孟加莉来说，只身前往美国把她推向了与童年经历紧密相连的视觉艺术创作生涯。

孟加莉离乡后就不再继续虔诚地奉行印度教仪式。虽然在印度的时候宗教仪式是他们日常生活的核心，但来到美国后，孟加莉把重心转移到了艺术上，专注于艺术史课程，专注于手头的艺术项目，和同学们流连于各大博物馆。“我从一个把艺术放在神殿里祭拜的国度，来到了一个把艺术放在博物馆基座上的国度。”她说。艺术博物馆让孟加莉回忆起小时候和家人旅行时参拜过的印度教神殿。如参拜神殿一般，参观博物馆也蕴含着一种仪式感：排队站立，满怀期待，与艺术作品进行心灵沟通。“参观博物馆的过程具备了‘达善’显现的一切要素。”孟加莉说道。

这个想法激发了孟加莉的灵感，促成了她迄今为止最耀眼的作品——《达善》。《达善》这套系列作品包含9张印度教神祇的巨幅图片。孟加莉跟我说，这些图片是想为观者营造一种如临神殿的感受，四周环绕着神灵，以此产生一种朝圣感。

创作《达善》不仅仅是帮模特穿上漂亮的衣服，然后拍9张照片这么简单。这个项目本身就是一个仪式。拍摄每一张人像时，孟加莉都要和超过三十名手工匠人一起打造精致的立体模型，用以拍摄。最终呈现在人像图片里的物品，从珠宝、服饰到道具、背景，全部都是手工制作、绘画、缝制，最终在印度一家作坊组装成一个传统的印度神祇。手工匠人、画家、工人和模特与孟加莉不仅限于雇佣关系——对孟加莉而言，最重要的是团队里的每个成员都拥有和她一样的愿景。“我希望每个成员与我们共同打造的项目之间都能产生一种特殊的联系。如此一来，每个成员都能为之尽心尽力。众人凝聚的力量可以创造出个人所不能创造的伟大事物。”孟加莉这样说。

这一系列作品拥有丰富明艳的色彩、迷幻的意象和酷似神祇的人像，极具摄影师个人风格。孟加莉和她的团队创作的第一张人像是光彩照人的拉克希米女神（吉祥天女），拉克希米坐在粉色的莲花上，一堆金币从她手中落下，背后立着一头披戴珠宝的白象。拉克希米是象征财富和幸运的女神。另一幅是玛萨拉斯瓦蒂（辩才天女），掌管艺术、音乐和学问的女神。玛萨拉斯瓦蒂坐在丛林里的一块泥黄色巨石上，手弹弦乐器西塔，脚边站着一只孔雀。还有一张是猴神哈努曼王子单手举起一座山，身后的尾巴浮于空中。

哈努曼是孟加莉儿时印象最深刻的神。神话中的哈努曼小时候十分顽皮，喜欢利用其飞行和变身的能力偷偷接近、作弄冥想中的圣人们。有一天，圣人们给哈努曼下咒以示惩罚：哈努曼将遗忘他的天赋和能力，只有当他想去做好事的时候才会想起这些法术。孟加莉从神话故事中懂得了有关使命的道理。“我们每个人都有特殊的才能，但我们需要花时间去发现自己的特殊才能，真实潜能总是被层层表象掩盖，直到时机成熟，我们才能发现自己真正想成为什么样的人。正如哈努曼王子一般。”

孟加莉探索自我的旅程持续了将近十年，道路曲折艰辛。在导师的帮助下，她选择了投身艺术，随后孤身前往陌生的美国，见到了更广阔的世界，也让她更加清楚地认识自我。同时，自我认知的过程也为孟加莉的艺术创作提供了一系列主题。她认识到，自己与神话、宗教和灵性之间有着千丝万缕的羁绊，并且她的工作承载了她身份的印记。“我明白了，我的艺术灵感来源于我对神话和人间故事的热爱，我喜欢讲那些故事，听那些故事，从故事中学习，并且用图像形式重新创作它们。”

孟加莉看着工作室的墙壁，上面用图钉钉着各种各样的照片——她母亲身着莎丽坐在印度一处海滩上；毗湿奴从云中升起，如同维纳斯在海上诞生一般；一位父亲怀抱他新生的婴儿冲洗淋浴。“这就是我的使命，给他人讲述那些让我感动的故事，让大家和我一样收获感动。”

当然，单靠自我认知往往是不够的。科斯从小就知道自己的优势，并利用这些优势达成了自己脱贫致富的目标。孟加莉花了较长的时间才发掘出自己的特殊才能，并且直到发现自己的工作能够启发他人时，才找到了自己的人生使命。从他们二人的故事我们可以看出，寻找人生使命除了需要自我认知以外，还需要跨出关键的一步：利用对自我的认知，去发现如何才能最好地贡献社会。如今，他们用自己的技能帮助他人更好地生活——科斯帮助他人保持健康，而孟加莉为她的观众带来精神升华的体验。

虽然拥有人生使命可以让我们更加快乐、坚定，但目标明确的人并不仅仅是关心这些个人利益，更心系如何创造美好的世界。确实，许多伟大的思想家指出，个人想要获得有意义的生活，需要培养优点、才能和能力，并以此造福他人。

18 世纪的德国思想家伊曼努尔·康德提出了一个设想，假如有一个人，像我们今天的大多数人一样，“可以通过培养发掘自身的才能，让自己在任何领域都能成为有用之人。然而，人总是贪恋舒适的环境，容易安于现状，不会去努力发掘和发挥自己的潜能。”那么，他应该怎么做？他应该为生活的安乐舒适而放弃培养自己的天赋吗？还是应该坚持追求自己的目标？

这些问题是贯穿1997年的电影《心灵捕手》的主旨。电影开头交代了被心理问题困扰的南波士顿青年威尔的故事。20年来威尔过得浑浑噩噩，在麻省理工学院当清洁工，大部分闲暇时间都和朋友们一起喝酒，虽然他是个数学天才，可以做出连麻省理工学院的学生都解不出的数学题。一次，威尔因打架、袭警而惹上官司，麻省理工学院的教授杰拉德·蓝波多次斡旋，威尔才免了牢狱之灾。法官同意释放威尔，但需要他保证定时和蓝波教授见面，一起探讨数学问题。

蓝波希望威尔能施展他的天赋，所以尽心尽力帮他安排面试。但威尔对此持抗拒态度，他对发挥自己的数学才能毫无兴趣。他在面试过程中嘲笑面试官，对蓝波出言不逊，讽刺蓝波的研究是个笑话。随后，威尔的好朋友查克问起面试进展时，威尔暗示自己对当一只“实验室小白鼠”不感兴趣，宁愿在南波士顿的工地干活。

但威尔的好朋友查克和蓝波教授一样，不希望威尔浪费自己的天赋。查克指责威尔过于自私：“你并不欠你自己的，你是欠了我的。哪天我醒来时发现自己50岁了，还依然干着这些烂活，这都无所谓，我没有意见。”但是威尔有机会通过自己的才能过上更好的生活——这些才能是别人梦寐以求的东西，但威尔却因为胆怯，什么都没做。“如果20年后你还留在这里，那就是在侮辱我们。”查克说道。

威尔应该因为不想努力而抛弃自己的天赋吗？还是应该像蓝波和查克对他的期待那样，刻苦钻研以掌握娴熟的数学技能？

对于康德来说（正如对查克和蓝波来说一样），答案很清楚：一个理性的人，“必定希望自身的所有能力被发掘，因为这些能力能服务于他的使命”。也就是说，他的才能可以让他人和社会受益，因此他在道德上有义务去发掘和培养自身的才能。现代哲学家戈登·马里诺指出，康德的观点与当代文化主流相悖——我们常在毕业演讲上听到“做你所爱之事”这样的呼吁。对于康德而言，问题不在于能给我们带来快乐的是什么，而在于如何承担我们的责任，如何为社会做贡献——或者，如神学家弗雷德里克·布希拿所言，你的使命存在于“自身真切的快乐和世界的强烈渴求的交汇之处”。

当然，并不是每个人都如威尔那般，拥有明显的天赋。在现实世界里，大多数人不得不选择他们有资格获得的职业，并希望该职业的薪资足够养活自己和家人。美国最常见的四种职业是零售业销售员、收银员、餐饮行业服务员、办公室文员。这些职业工资低廉且内容机械，与“有意义的工作”毫不相关——至少表面上如此。

对于找一份有成就感的工作，即使是有更多选择的人也常感到迷茫。耶鲁大学管理学院的艾米·瑞斯尼斯基教授是一名对意义颇有研究的著名学者。她告诉我，在面对学生和客户时，她能感受到巨大的焦虑。“他们以为他们的使命藏于巨石之下，他们以为只要翻开足够多的石头，总能找到自己的使命。”如果找不到自己的使命，他们就会感到人生缺失，且永远找不到一份令自己满意的工作。但在研究试验中，只有三分之一到一半的人把自己的工作视为天职。这意味着剩下的人不能在自己的工作上获得意义和目标吗？

沃顿商学院的亚当·格兰特教授研究人们如何在工作中获取意义，他认为剩下的人同样可以从自己的工作中找到意义和目标。格兰特指出，一直认为自己的工作有意义的人存在以下共同点：他们把自己的工作当作帮助他人的途径。一项针对500个工种、包含200万人的调研认为，神职人员、英语老师、外科医生、宗教机构中的活动和教育管理者、中小学行政人员、放射理疗师、脊椎按摩师和心理医师这几种职业的从业者认为自己的工作最有价值。格兰特写道，这些工作“全部都是服务性职业：外科医生和脊椎按摩师促进身体健康；神职人员和宗教机构管理者促进精神健康；教育者促进社会和心理健康。如果没有这些职业，我们的生活会变得无比糟糕”。

格兰特的研究帮助各行各业的人找到了自己的使命感。在一项研究中，格兰特和他的同事追踪了一群校园呼叫中心里的筹款客服，他们让这群客服接见每一位获得奖学金的学生。这些客服对自己的工作态度各异：认为自己的工作对他人的生活影响深远的客服会更具使命感，行动力更强；与对照组相比，他们与潜在捐款人电话沟通的时间多了142%，筹集的资金多了171%。

从约亨·门杰斯对墨西哥一家优惠券处理厂女工的研究中，格兰特和他的同事发现了类似的情况。通常，对自己的工作不感兴趣的工人缺乏动力和目标，因此工作效率也更低。拣选优惠券的过程无聊且机械，所以可想而知，感到工作枯燥的女工生产力不及那些认为工作有价值的女工。这种猜想确实与格兰特和门杰斯的研究结果一致。但这种趋势在一些心中怀有服务精神的女工里截然相反，有些女工虽然认为工作无聊，但她们把工作视为供养家庭的途径，生产力和认为工作有价值的女工一样高。当工作可以惠及所爱之人，即使是最平庸的任务，也可以让人充满使命感。

父母恐怕比任何一个人都要明白服务意识的价值。抚养孩子是份很重要，但极具压力的工作——虽然孩子可以成为我们的幸福之源，但育儿心理研究中常见的结论是：抚养孩子让父母伤透脑筋。父母需要为孩子牺牲自己的私人时间和空间。他们为孩子的事而睡眠不足，常被繁杂的琐事困扰，譬如换尿布和管教孩子。但同时，许多研究表明养育孩子是意义的强大来源。一位母亲告诉我："养孩子需要很大勇气，有时候真的让我抓狂。"但她还说，这同时也会收获"无价的回报"。抚养孩子让我们为了他人而搁置自己的利益。为人父母所经历的困难和疲惫都是为了一个宏大的使命——让孩子成为一个有责任、有担当的成年人。

乔治·艾略特在小说《米德尔马契》的最后一段，向那些以微小但不可或缺的力量推动世界前进的人们致以敬意：

世上良善的增长，一部分也有赖于那些微不足道的行为，而你我的遭遇之所以不致如此悲惨，一半也得力于那些不求闻达，忠诚地度过一生，然后安息在无人凭吊的坟墓中的人们。

那些不被世人铭记或不被你我所知的芸芸众生，也曾在日常生活中改变了他们周边的人。

在日常生活和工作中获得使命感的能力，对构建生活的意义有巨大的帮助。1962 年，肯尼迪总统在美国宇航局遇到的清洁工便是个例子。当总统问他正在做什么，清洁工回答说他“在帮人类登上月球”。有一名修路工的心态也是如此，他在科罗拉多的高速公路上指挥交通，提醒车辆远离施工地点。他站在烈日之下，不时地把一面写着“禁行”、另一面写着“慢行”的指示牌轮流翻转。“我保证了人们的安全。”在一名司机问他如何能忍受如此无聊的工作时，他这样回答，“我关心在我身后干活的这些同事，所以我要保证他们的安全。我也保证了你的安全，还有你后面车子里的人的安全。”一名餐车老板也拥有同样的心态，几年前，我朋友在点餐后发现忘了带钱包。“我的工作不是赚你的钱，”餐车老板边把墨西哥卷饼递给我朋友，边说，“我的工作是为了喂饱你。”

不是所有人都能找到自己的使命，但这并不意味着我们不能找到人生目标。世界上有很多售货员、优惠券拣选工、会计和学生，有很多交通指挥员、父母、公务员和酒吧侍者，也有很多护士、老师和神职人员，他们或许陷于无尽头的文案工作和其他日常琐事之中，或许有时会找不到崇高的使命感。但不管他们的日常生活被什么占据，当他们把工作视为帮助他人的契机时，就能更好地从生活和工作中获取价值。我们每一个人都可以让身边的人过得更好，比如我们的家人、邻居和同事。这是所有人都可以为这个世界布施的恩泽。

第四章

叙　事

埃里克·科贝尔清楚地记得2003年的夏天，那年他的女儿凯特找到了第一份工作。那时凯特14岁，和家人住在纽约，汉普顿斯的一位母亲雇她去帮忙。凯特对于前往长岛和承担成年人的责任感到兴奋不已。但两个星期后，埃里克的生活跌入了谷底——7月31日，埃里克接到妻子的电话："凯特出了车祸。"

埃里克说："只记得我开车去石溪医院，不知道她伤势如何，状态如何，被撞到哪里，甚至不知道她是否还活着。"最后，埃里克得知儿科神经外科医生在给凯特做手术。埃里克说，从中他获得了三条信息：第一，她还活着；第二，她伤得很重；第三，她的脑部受伤了。

埃里克和妻子被带到医院一处私人等候区，主刀医生走进来对他们说："她现在处于药物引起的昏迷状态，暂无生命危险。我们移除了她脑部的一块骨头，为了减轻头部的压力。"这种手术以前从未给孩子做过，医生只能孤注一掷。但当天深夜，凯特的颅内压飙升，不得不再进行一次脑部手术。

在“飞蛾社”组织的说故事活动中，埃里克站在铺着绒毯的演讲台上，对着话筒说出了这个故事。他向观众席望去，一排排紧挨着的座位，坐着近300名观众。他告诉他们，当知道凯特要被推进手术室进行第二次开颅手术时，他脑中浮现的想法是：“这有什么益处呢？”

20分钟前的中场休息期间，屋内还充斥着嬉笑、喧闹。现在全场观众身体前倾，全神贯注地听着埃里克分享故事，静默无声。

埃里克继续说道，凯特做完第二次脑部手术已是凌晨五点，幸好脱离了生命危险。最终，她被转移到纽约市的西奈山医院，在那里继续接受重症监护。因为这次事故，凯特无法再学习数学，她的深度知觉已受损，几乎丧失了所有记忆。到10月的时候，凯特可以偶尔回学校上课，但还要继续进行康复治疗。11月的时候，凯特已恢复到较为良好的状态，可以回到石溪医院进行手术，把7月份移除的一部分颅骨重新放回脑中。“那就像一次凯旋，”埃里克说，“她就要成功了。”

埃里克依然在为这场风波寻找意义：“我十分感恩她还活着，”在凯特第三次开颅手术前他这样想，“我不知道我女儿究竟能不能齐齐整整地出来。这有什么益处吗？”

当凯特从手术室中出来时，他终于找到了意义所在。埃里克和凯特住进了康复室。当探病者陆陆续续来到病床前时，凯特依然因麻醉药而神志不清。

第一个来探望的人是医生：“凯特，你应该不认识我，我是你被送到急诊室那天接你入院的医生。”

不久，一个护士走进来：“凯特，你应该不记得我了，我是一直在你身边陪着你，直到手术团队开始帮你做手术才离开的护士。”

“凯特，你应该不记得我了，”另一个访客说道，“我是你进院当天值班的牧师，那天是我一直陪着你的父母。”

“凯特，”下一个人说道，“你也许不记得我了，我是监督你案子的社工。”

“凯特，”另一个继续说道，“你可能不记得我了，我是你入院后第二天和第三天值班的护士。”

埃里克回想当天“一排排的笑脸”。最后来访的是一名叫南希·斯特朗的护士，那个夏天是她在重症监护室里看护凯特。“我把她拉到一旁问道：‘我很感激你们能来探望凯特。但这其中有别的原因，是吗？’”

“是的，”南希说，“是有其他原因。”

“是怎么回事呢？”

“埃里克，”她说，“我们见过的脑部受损的孩子，十个里有九个都挺不过来。凯特活了下来。我们必须来看望她，因为她是让我们每天回到这个地方工作的动力。”

“这就是救赎，”埃里克说，“这就是益处。”

“飞蛾社”的创始人乔治·道斯·格林年轻时在他的朋友万达家度过了很多个夜晚。万达家在佐治亚州的圣西蒙岛上，那是乔治长大的地方。他和朋友们坐在万达家的长廊里，喝着波本威士忌，互相倾诉生活中发生的故事。譬如有一晚，他们的一个朋友代顿在看守鸡场的时候喝醉了，让6000只鸡跑出了鸡舍；另一个朋友肯尼，游泳前忘了带电子驱鲨器，光着身子在海里游了一英里①。海岸警卫找到他后，他叫警卫不要碰他，并且坚称："噢，我没事，我是鲸鱼。"在他们轮流讲故事的时候，格林回想起一幕："一群飞蛾围着灯火飞来飞去，而蝉在橡树上打着节拍。"

数年后，住在纽约的格林已出版了两本小说，他的《陪审员》一书成为国际畅销书，并改编成电影《危险机密》，由黛米·摩尔和亚历克·鲍德温主演。格林赚了些钱，搬到曼哈顿，并开始出入高级派对。在外人看来，他过上了大多数作家梦寐以求的生活。

但他依旧感觉缺失了某些东西。一天晚上，在一个"极其无聊的"诗歌朗诵活动上，格林意识到他想念在万达家度过的迷人夜晚。在纽约的文化圈里，没有一处地方可以让普通人上台分享自己精彩的个人故事。因此格林决定邀请一些人到他家，尝试在他纽约的公寓里重新找回当初在万达家的体验。

1997年，他把这个想法发展成了一个非营利性组织，取名"飞蛾社"，源于对圣西蒙岛夜晚的飞蛾的记忆。20年后，"飞蛾社"成为纽约定期举办的文化活动，并成为一种国际现象。现在，"飞蛾社"每年在不同的城市举办500多场活动，从伦敦、洛杉矶到路易斯维尔，甚至在塔吉克斯坦也举办过一场。除了现场表演

① 1英里约等于1.61千米。——编者注

为我们带来了超过 15000 个像埃里克这样的故事之外，“飞蛾社”推出每周播客节目，以及荣获皮博迪奖的广播节目，并于 2013 年出版了第一本故事集。

在艺术导演凯瑟琳·伯恩斯的带领下，“飞蛾社”精心挑选了具有意义的故事。他们从各个渠道收集这些故事：“飞蛾社”的网站、“故事灌篮赛”（一个任何人都能参加的开放麦比赛），当然还有口述故事。伯恩斯和她的团队不拘泥于故事来源，尽量收集具备冲突与主人公最终解决冲突的故事——让读者可以了解到叙述者是如何成为今天的自己；同时，他们在寻找关于转变的传奇，就像爱尔兰作家弗兰克·奥康纳在短篇小说《异乡客》里的结尾那样：“对于此后发生的事情，我的心境已大有不同了。”

他们收集的故事中，感人至深的部分往往源于脆弱，但这些情感并非未经处理。按照伯恩斯的说法，动人的故事应该“来自伤痕，而非伤口”。伤痕栖息在叙事者的心中，因此叙事者回忆起那些经历时，可以提取其中的意义。“有时候我和某人对话，对方觉得厘清了自己的故事，但最后我发现其实不然。”

每当伯恩斯和她的团队发现了一则好故事，他们就会扮演起导演的角色，帮叙事者排练，帮助他们找到达到故事高潮和解决冲突的跳板，或者在表达方式上给予细微的建议，譬如在哪里停顿或在哪里慢下来。伯恩斯的目的在于让故事更具感染力，引起观众的强烈共鸣。但这样会产生另一种效果。伯恩斯与飞蛾社合作超过 15 年，她知道对故事进行雕琢可以帮助叙事者以新的方式和角度连接他们的人生轨迹，进而从那些曾令他们感到迷惑不解的往事中获得新的启示，悟出以前没想到的道理。

在2005年于纽约举办的活动中，杰弗瑞·鲁德尔讲述了自己在大一的时候向父母出柜的故事。他原本以为他的父母能接受这个消息，但令他震惊的是，得知情况后他们烧了他的东西，并与他断绝往来。6年间，他一直给父母打电话、写信，尝试再和他们取得联系，但从来没有得到任何回应。最终，他决定做最后一次努力。他在没有通知父母的情况下飞回家，直接出现在他母亲的办公室里。即使如此，母亲依然拒绝与他见面，也拒绝跟他沟通。两周后，杰弗瑞在纽约的办公室里收到一个葬礼花圈，挽带上写着“缅怀吾子”。

杰弗瑞为飞蛾社的演讲准备这个故事的时候，他原以为自己内心会充满愤恨和悲伤。曾经教导他爱和仁慈的父母，现在竟以憎恨和厌恶对待他。“我的故事基调充斥着愤恨，但问题是：我的愤怒并不仅仅针对父母。”自从他的家庭与其断绝关系后，杰弗瑞从他的同性恋朋友那里得到些许安慰，他的朋友告诉他，刚开始他们跟父母出柜时也遭受过同样的对待，但后来父母也逐渐接受了。杰弗瑞只需要保持足够的耐心，同时心怀希望。他听从了朋友的建议，数年来坚信总有一日他与家人会重归于好。但即便心怀希望，他的生活依旧停滞不前。

为了这次“飞蛾社”的分享，杰弗瑞把故事来来回回修改了多个版本，后来他终于意识到，他把重心过多地放到了挽回父母的爱上面，而没有思考自己的未来和诉求。他放弃了工作机会，与准备搬去洛杉矶的男朋友分手，就是为了能留在父母居住的密歇根。他守在离他们不远的地方，希望在他们欢迎他回家的时候能立刻飞奔到家。“几年来，这种希望并没有起任何作用，只是让我的生活停滞不前。”最终，他意识到他的希望已经落空了，再也没有机会与他的父母重归于好。于是他决定放下执念，继续自己的生活。因此，他最终重获了内心的平静和解脱。

伯恩斯表示：“我们常开玩笑，在“飞蛾社”的舞台上讲一个故事就像做了十年的康复治疗。”

我们很少有人会像埃里克·科贝尔一样在一群陌生人面前透露自己的往事。但我们都是故事叙述者——人类学家玛丽·凯瑟琳·贝特森写道，所有人都参与“创造行为”，最终“谱写了我们的生活”。此外，生活不像我们听过的故事那样，遵从既定的轨道发展。相反，她写道：“每个人的生活都是即兴表演，在表演的过程中不断地调整自己的作品。”换而言之，我们的身份和经历是持续变化的。就像爵士音乐家的即兴表演，我们可能会选择某种轨道，而后又为了其他轨道放弃它。讲故事就是让我们厘清这种行为背后的意义。把生活中不同的经历拼接成一个完整的故事，有助于我们连贯地理解自己的生活——同时，心理学家指出，连贯性是开启意义之源的钥匙。

我们讲故事的本能源自人类共有的深层需求：了解世界的需求。我们拥有恢复和维护秩序的原始欲望，以便在浮躁中找到方向。我们看着人海中的一张张脸，听到脚步踩在落叶上发出的沙沙声响，想从毫无联系的事件中侦破阴谋诡计。我们一直为每条信息附上一层意义；若非如此，这些信息对我们来说将毫无用处。故事帮助我们了解世界和我们所处的位置，明白事物发生的本质。“在人类探索意义的过程中，讲故事有着至关重要的作用，不管是讲述世界起源的传说，还是描述自己的往事。”贝特森写道。

故事对我们定义自己的身份尤其重要——它帮助我们了解自己是谁，了解我们是如何变成现在的自己。例如埃梅卡·南卡，他 21 岁时在俄克拉荷马雷霆队（一支半职业橄榄球队）做后卫。在阿肯色州的一场比赛中，埃梅卡像往常一样，在球被抢走后跑去拦截。他像平常那样撞向对方球员，之后 200 多斤的身体摔倒在地。但这一次情况有所不同：他并没有感到自己跌倒了。当他躺在草地上时，周围的观众就像在无声地颠倒，他所能感受到的只有骨头撞击时的微痛感。教练跑了过来。远处传来救护车的长鸣。埃梅卡躺在担架上，被抬下了足球场。他尝试抬起手向观众竖个大拇指，但已经动不了了。在医院里，埃梅卡经历了 9 小时的颈外科手术。再次醒来时，他胸部以下的身体动弹不了了。

埃梅卡并不是从小就玩橄榄球。高中时只是随便玩玩，直到大二那年加入了俄克拉荷马雷霆队，他才真正投身于这项运动。他说大一的时候他总是“坏事儿”，但“当球逼近我的大门，我向众人证明自己的契机到了。我记得我一直在想，‘我大放异彩的时刻来了，让我用天赋向世人证明自己吧’。那种感觉就像我正在迈向一个宏大的目标”。埃梅卡每天刻苦训练，当他变得越来越强壮、越来越敏捷之时，他感觉自己的人生正朝着康庄大道前进。他帮雷霆队打了两个季度后，密苏里一所大学的教练找到他，想招募他进校队。

而仅仅三周后，他的脊椎受伤了。

术后的几天里，埃梅卡还没有充分意识到自己身体状况的严重性。他以为花两周的时间康复，就能重新上场。但到了第三个月，出院回家时，他的手依然不能活动，更不要说动动腿了——此时，埃梅卡才意识到他未来要经历的人生旅程远比他想象的更漫长、更艰难。“你应该躺在医院里，如果你病了，”埃梅卡说，“当他们跟你说你可以回家了，那意味着你好转了。但当他们告诉我可以回家了，我不管是看上去还是感觉上，都没有变好。”他心里想：“你说我可以回家了是什么意思？”曾经可以举起三百斤重物的小伙子现在连三斤都提不起。他的父亲不得不从佐治亚州搬到塔尔萨照看他。

在埃梅卡逐渐适应新生活的同时，他常常问自己一些重大问题：“我的人生是为了什么？我要结婚吗？我会有孩子吗？会有人爱我吗？我要怎么养活自己？”在受伤之前，他清楚地知道自己是谁：他是个橄榄球员；他是聚会的中心人物；他是前途无量的大学生。现在他不得不面对现实，从前幻想的未来已成为泡沫。

更糟糕的是，他开始觉得从前的自己简直满身瑕疵。埃梅卡在审视受伤前的自己时，意识到他对于自己从前的身份有诸多不满。他说：“从前的我过于以自我为中心：穿梭于各种社交场所，不会顾及他人的感受。曾经我认为‘人生苦短，及时行乐’，漫无目的地活着。”

埃梅卡的身份在瓦解，他开始重新构建身份——一个积极的身份。他告诉自己，现在的埃梅卡比从前那个无所事事、自私自利的男人更优秀。2010 年的春天，在受伤一年后，他开始在教会做义工，给中学生们做咨询。自从开始担任咨询师，埃梅卡把注意力从自己身上转移到了周围环境，以及需要帮助或想了解他经历的人身上。“直到开始服务他人，我才恍然大悟，我究竟是什么样的人——今时今日，我是把他人放在首位的人。”在教会做了两年义工后，埃梅卡重返大学校园。2015 年他本科毕业，而后读了一个硕士课程，主修咨询。埃梅卡还是瘫痪状态，并且不知道以后是否能站立行走，但他对现在的生活充满信心，精神上比以前更加充实。

手术后的几个月里，埃梅卡日夜思索，希望能想通这次颠覆他人生的意外。他说：“之前我登错了山。”在他摔断了颈椎，从山上跌落谷底时，他发现了另一座他认为值得一辈子攀登的山峰，因为他的“真理之路”蜿蜒其中。自此以后，他在这座山中缓慢前行。

埃梅卡受伤的经历给了受他辅导的学生激励和启发。但心理学家丹·麦克亚当斯认为，这个故事对埃梅卡本人更具意义。麦克亚当斯是西北大学的心理学家，“叙事身份”领域内的专家。麦克亚当斯把叙事身份描述成一种为自己创造的内心故事。一个作家写道，这是“关于我们内心深处的自我认知——我们从何而来，我们如何生活，人生有何意义”的个人神话。和虚构小说一般，故事里有英雄和反派，帮助或阻止我们前进，情节由主要事件推动，如我们克服的挑战和我们遭遇的苦难。在希望他人了解我们的时候，我们把故事或故事的一部分拿出来和他们分享；当我们希望了解他人时，则可以反过来邀请他们分享自己的故事。

必须知道的一点是，个人故事不是详尽的人生履历。相反，我们应该做出麦克亚当斯所说的“叙事选择”。我们的故事应该聚焦在生命中最非比寻常的经历上，无论好坏，因为我们亟待梳理其背后的意义，也因为它们塑造了现在的我们。但不同的人对类似经历的解读可能大相径庭。例如，有人小时候有过被父母扔进水里学游泳的经历，这可以帮助他了解现在的自己——一个习惯通过冒险来迅速提升自己的、吃苦耐劳的创业者。而对于另一个人来说，相同的经历可以解释他为什么如此厌恶小船，质疑权威。第三个人可能会完全把此事从他的故事中删除，认为此事在其漫漫人生中丝毫不重要。埃里克·科贝尔作为一名牧师和精神治疗医师，起初他女儿的事故让他对曾相信的想法产生了怀疑，但随后手术的好结果又让他坚定了这个想法：尽管在这个世上好人总是被不公地对待，但救赎仍可能存在。这对他的职业和自我认知产生了深远影响。

麦克亚当斯从事人生故事和意义的研究超过 30 年。在研究采访中，他叫受访者把自己的人生分成几个章节，并叙述人生中重要的场景，譬如高潮、低谷、转折点或儿时记忆。他鼓励受访者思考个人的信仰、价值观和人生哲学。最后，他叫他们回顾一下故事的中心主旨。

分析了数百个人生故事后，关于生活得有意义的人是如何看待自己的经历，麦克亚当斯从中发现了一些有趣的模式。他发现，立志为社会和下一代人做贡献的人有共通的模式：他们倾向于讲述生活中有关救赎的故事，或否极泰来的故事。在这些故事中，叙述者经历了苦难和救赎——他们在经历消极之后接踵而来的是积极的事件，继而因祸得福，让他们的苦难有了意义。

一个从小家境贫困的男人告诉麦克亚当斯，艰苦的童年让他和家人关系更加亲密。一个女人说，照顾将死的朋友是一件痛心的事，但这件事让她重操旧业，做回了护士。一个父亲在儿子被诊断为脑部疾病后，许多人向他们表达了善意和慷慨，因此让他不再愤世嫉俗。他说："那次经历真的太可怕了，但回想起来，我们从中也收获不少，对生活和人性的了解更深了一层，发现这个世界有许多好人。"对于埃里克来说，他从医院工作人员来探望凯特的行为中获得了救赎。埃里克说救赎"并不是让我们对苦难感恩戴德，但它让我们从苦难中收获了其他"。相比那些在故事中没有或甚少提及救赎的人，这些人（包括麦克亚当斯研究里的一些受访者）认为自己的生活更有意义。

需要注意的是，讲述救赎的故事并非必然意味着我们的生活有了客观性的好转。例如，埃里克可以轻而易举地罗列出女儿凯特事故之后的诸多不顺。凯特在社交场合容易劳累，就是由于脑部受伤，深度知觉一直得不到好转，她还丧失了事故前的绝大多数记忆。埃里克的故事可以落脚在这些不顺的方面，但他并没有这样做。他讲述的是凯特得到救赎的部分。同样地，埃梅卡也可以讲述瘫痪如何粉碎了他的梦想，但他却强调了伤痛如何改变并改善了他的生活。

与救赎相反的故事，麦克亚当斯称之为“污点故事”。在这些故事中，人们认为自己的生活由好转坏。一个女人讲述了关于她孩子出生的故事，这是她人生中的高潮。但随后，她采用了惊人的叙事方式：故事以三年后孩子父亲被谋杀结尾。叙事中，这桩事故让孩子出生这件乐事染上了悲剧色彩。麦克亚当斯发现，讲述污点故事的人“生产力”相对较低，或对社会和后代的贡献较少。同时，他们更容易焦虑和抑郁，与讲述救赎故事的人相比，他们认为自己的生活更加不完整。

救赎故事和污点故事仅是我们人生中的两种故事类型。一些人生故事类型由其他主题定义，例如由内在转化和个人成长定义，由生活停滞或退化定义，由沟通、爱和归属感定义，由寂寞与孤立定义，由力量定义（认为人们可以掌控自己的人生）或是由无助定义，又或是糅杂了以上多个主题。麦克亚当斯发现，除了救赎主题，认为人生有意义的人还倾向于讲述成长、沟通和力量的主题。这些故事可以让讲述者为自己构造积极的身份：他们掌控着自己的人生，他们被人爱着，他们的生活蒸蒸日上，无论遭遇什么困难，最终生活都会柳暗花明。

我们讲述的人生故事揭示了我们如何理解我们自己，如何看待我们的生活轨迹。此外，这些故事还能让我们自身的各个方面得到提高。例如，一个抑郁或悲观的人可能倾向于讲述污点故事，这可能令他对周边的环境更加悲观。但我们有办法打破他的恶性循环。讲述消极故事并不意味着他们的人生被困于无意义的沟渠，只是对他们来说，一些故事比另一些故事更有意义。我们都是自己故事的作者，拥有改变叙事方式的权力。

心理学和心理疗法研究中贡献最大的观点是，认为我们可以编辑、修改和解读自己生活中的故事，即使我们被束缚于已成定局的事实之中。心理学家米歇尔·克罗斯利写道：心理疾病的成因通常是人们没有能力讲述一个自己生活中的好故事，要么是故事不连贯、不饱满，要么是一个“错误的人生故事”。心理医生的工作就是与病人一起用积极的方式重写他们的故事。通过与治疗师一起编辑和重新诠释人生故事，病人会意识到他拥着掌控自己人生的能力，同时从经历的苦难中寻获意义，最终使其精神状况得到改善。回顾研究文献，我们可以发现这种治疗方式与抗抑郁症药物或认知行为治疗一样有效。

细微的叙事调整可以对我们的生活产生巨大的影响。亚当·格兰特和简·达顿在 2012 年出版的研究著作得出了相似的结论。他们安排校园呼叫中心的筹款客服连续写四天的日记，记述以下两类情况：一种是作为受惠者，写下最后一次因同事的举动而产生感激之情的情景；另一种是作为施助者，写下自己在工作中给予他人帮助的一次经历。

研究者想知道究竟哪种故事会让实验参与者变得更加慷慨——你会把自己定义成故事中的受惠者还是施助者。为此，他们监察筹款客服的通话记录。客服需要与校友联系，说服他们给学校捐款，而他们每小时的薪酬是固定的。因此，研究者认为他们在工作时间里的总通话数量可以作为亲社会助人型行为的衡量。

每小时内通话次数越多，对大学贡献越大。

格兰特和达顿在分析那些故事后发现，在故事中把自己定义为施助者的客服最终通话次数比平时高出30%；而把自己定义为受惠者的人，行为没有明显变化。这证明了我们讲述的故事影响了我们自己的行为。达顿说："客服把自己视作施助者时，就需要表现出施助者的姿态，因此带来更多亲社会行为。"

格兰特和达顿的研究表明，故事制造意义的能力并不仅限于生产出一个精雕细琢的故事。施助者讲述的故事最终带来有意义的行为——使其投入更多时间到伟大的事业中。"即使筹款客服知道他们讲述故事只是实验要求的一部分，但他们最终都'活成了'自己的故事。"麦克亚当斯说道。通过重新组织叙事，他们拥有了正面的身份，人生再次充满目标。

除了编辑故事，人们通过故事寻获意义的另一种有效方式就是回顾生活中的关键时刻，思考这些时刻如何影响我们的自我和生活方式。例如，埃梅卡和我讲他的故事时，言语间充满了"如果"。如果我可以走路了会怎样呢？如果我没有加入青年牧师志愿组织会如何？如果我还可以打橄榄球又会怎样呢？当然，埃梅卡从不知道怎么回答这些问题。但当他想起生命中的关键时刻和人生道路分岔口的选择（这些时刻和选择可以引他走向完全不一样的人生）时，埃梅卡并不只是沉浸于美好的幻想，他在梳理自己的经历，并借此构建意义。

对"如果某些事件发生了或没发生，那生活会如何"的想象，学术上称这种练习为“反事实思维”。在2010年发表的一项研究中，加州大学伯克利分校的心理学家罗拉·克莱与同事邀请研究对象来到实验室，回顾他们人生中的重要经历，并想象如果这些事情没有发生，他们的人生将会如何。

西北大学的学生被邀请来回顾他们当初的决定：回想自己如何决定上哪所大学，最后为什么选择了西北大学。学生们需要回顾当初导致这个决定的一系列因素，并罗列出来。提出了这些要求后，研究者又要求一半的研究对象再回答另一个问题：描述出可能导致生活变得完全不同的因素。

研究者发现，这项简单的练习让研究对象重新审视自己的人生经历，并从中发现了更多的意义。他们更倾向于认同“到西北大学上学为我的人生增添了意义”“决定来西北大学是我人生中最具意义的选择之一”这样的选项，并认为这个选择定义了现在的他们。研究者在关于友谊的研究中也发现了类似的结果：假如研究对象在脑中抹去他们与朋友相遇的情景，就像抹去他们脑中就读西北大学的选择一样，会使他们认为自己的友谊意义非凡。

为什么反事实思维如此强大？克莱认为，与简单地想象事件的意义相比，这项练习可以让意义建构的过程更加严密。首先，它让我们更加明白当初的选择所带来的益处。研究对象在想象自己的人生缺失了那些关键事件时，认为生活会变得更糟糕，而非更美好。他们说，如果缺失那些事件，他们的人生会缺失许多重要的人际关系和经历。某个学生可能会意识到，如果没有来西北大学，他可能永远无法得到梦寐以求的工作。另一个学生可能会想到，如果没有在聚会上遇见朱莉，她可能不会有机会通过对方结识现在的丈夫。

其次，反事实思维让我们讲述的人生故事更连贯。在另一项研究中，研究者发现那些想象转折事件没有发生的人（譬如遇见未来的伴侣）会更倾向于相信这些事情是“命中注定”的。他们总结道，他们的人生不是由偶然事件组成的；相反，他们的人生有逻辑地进行着，终会不可避免地让他们遇见自己的另一半。他们更愿意相信，生活并非随机，而是冥冥之中早有安排。

当然，克莱的许多研究对象都回顾了生活中的积极时刻，比如上大学或结识好朋友。但一些最重要的转折事件往往是艰难而痛苦的，当我们在故事中抹去这些经历，我们会不禁想象，没有这些痛苦的人生该是多么美妙。

密苏里大学的罗拉·金花费半生努力，希望了解叙事如何帮助我们看待生活中所失去的事物。20 世纪 90 年代末，她研究了三组遭遇困难的成年人：养育唐氏综合征患儿的父母，出柜的男女同性恋者，结束了二十年以上婚姻的女人。虽然她只是研究了特定境况的人群，但他们都有人类共通的经历：失去。

金要求这三组研究对象写下两个关于自己未来的故事——一个是关于现阶段“最佳的可能自我”的故事，或者说他们希望自己未来的生活如何进行；另一个是关于“迷失的可能自我”的反事实叙事，如果没有经历这些困难，他们会变成什么样子。例如，同性恋者在故事中假设自己是异性恋，离异女性假设自己仍在婚姻当中。完成两篇故事后，他们需要填写一张问卷，指出他们认为这些故事与真实自我之间的关联程度。

金发现，越是认为现阶段“最佳的可能自我”是最接近真实自我的人，生活得越开心，未来的愿景也充满希望，因为它们触手可及。然而，越是认为“迷失的可能自我”是最接近真实自我的人，往往过得越不开心。金进行该项研究时，对同性恋的歧视比今天严重得多。美国没有一个州允许同性恋进行民事结合。因此，出柜代表着真实的损失。同性恋者常会想到他们受到的局限，会引起悲痛和悔恨——他们意识到所谓的正常生活会使他们免于遭遇歧视和其他生活上的阻碍。对于离异女性而言，情况也一样。

金从两个实验组中发现，沉浸于“如果这些事情没有发生”的幻想，可招致精神上的痛苦。但是，与此同时，这类反事实思维可以让人挖掘自身的人性。金发现，详尽描绘“迷失的可能自我”的同性恋者和离异妇女在实验结束两年后的自我发展更好。自我发展的程度，即能够“控制、整合和梳理人生经历”的程度，以及细致思考自我和世界的能力，影响着个人如何看待和理解现实。换而言之，这是测量情感深度的方式，而在金收集的故事中，这些情感原委已一目了然。一名男同性恋者在“迷失的可能自我”故事中想象自己是异性恋：

从小到大，我幻想自己的生活能像我崇拜的人那样。对那种生活的渴望一直激励着我。我在一个小镇上长大……我的父母和朋友都积极参加志愿活动，拥有自己的事业，关心社区政治。我的梦想是当一名兽医。我想象我已结婚（这是理应发生的事情）。我的妻子会是一位宠物店经理，那间宠物店是我们夫妻共同经营的……我们积极参加社区的各种活动。小镇上也不失欢乐……人们认为我友善、踏实……我们的生意经营得当，最终传给了孩子。

叙述者讲述充满细节和深思的故事，就像这个故事一般，看起来对未来充满眷恋，明显对已经走不通的人生道路思索良多。接受失去的事实绝不容易，但如果他们想拥有积极的未来，这就是一道必经的坎。“避免沉溺于丧失的情绪可能是令人开心的一种手段，”金写道，“但同时也可能会屏蔽掉成长必经的自我反省。”

我们讲述的故事帮助我们认识自己，认识我们的生活是如何发展的，了解如何让我们的生活以不同的方式展开。此外，我们还能从他人的故事中收获意义。不管是小说、电影中的故事，还是广播节目、舞台剧里的故事，我们都能通过他人的故事反思自身的经验和价值。

以《少年 Pi 的奇幻漂流》为例，故事的主人公是一个叫 Pi 的少年，他的父母在海难中丧命，而他醒来后发现自己在救生船上，旁边还有一只孟加拉虎，一只斑鬣狗，一匹受伤的斑马和一头猩猩。在海上漂了没多久，船上就乱开了锅：斑鬣狗咬断了斑马的头，撕食起来，而后咬死了猩猩。面对眼前发生的一幕幕，Pi 惊吓不已。但屠杀还在继续，最终孟加拉虎杀死了斑鬣狗。

最后，船上只剩下 Pi 和孟加拉虎。在太平洋上漂流了 227 天，经历了饥饿、绝望，被迫与一只老虎一起上演生存游戏，Pi 依旧在坚持，即使他已一无所有。如果你真正地明白船上究竟发生了何事，你会为 Pi 所展现出的超强适应能力而赞叹不已。故事中的动物是人类的象征。猩猩代表 Pi 的母亲；斑马是受伤的水手；斑鬣狗是船上可憎的厨师，杀食了水手和 Pi 的母亲。而 Pi 就是那只老虎，杀死了厨师并吃掉了他的心和肝。

Pi 和老虎的最终对决其实是他与自身的对抗。叙述完斑马、斑鬣狗和猩猩的经历，Pi 解释他如何驯服了杀死斑鬣狗的凶猛老虎。这正是真实世界的故事的一种暗示：Pi 冷酷地杀死厨师后，学会了控制内心冲动。讲述老虎的故事让 Pi 得以从野蛮中解脱出来。唯有如此，他才能从船上的经历中发现意义。

研究表明，虚构故事可以让经历过失去和创伤的人更好地处理自己的经历。悲剧故事可以让他们在梳理自己的经历时，与自己的悲痛记忆和情绪保持距离。独自在船上的 Pi 做了类似的事情：他用寓言故事梳理了难以面对的事实。对 Pi 而言，讲述老虎成长的故事是了解自己的一种方式。当老虎服从主人的命令，学会控制自己的残暴天性时，Pi 在精神上、情感上和肉体上得到了锻炼与完善，帮他挨过了在海上的几个月。正如 Pi 所说："这个世界并不是它本来的样子，它是我们所理解的样子，不是吗？"

当然，我们无须经历像 Pi 那样的创伤，也能从故事中获得智慧。2002 年发表的研究中，阿尔伯塔大学的大卫·迈阿尔和唐·奎肯要求研究对象阅读肖恩·奥费朗的短篇小说《鳟鱼》。这篇小说讲述了一个叫朱莉亚的 12 岁女孩，发现一条鳟鱼被困在她家附近的小水坑中。这条鳟鱼被困的画面像幽灵般缠绕着她。一天晚上，她决定要放它自由。她下了床，穿着睡衣蹑手蹑脚地遛到水坑旁，把鳟鱼装进大罐子里，扔进河中。

研究对象看完故事后被邀请分享其中最有共鸣的部分。一个读者说在朱莉亚身上看到了年轻的自己。她说“对朱莉亚有一种天然的亲切感”，如果她是那个小女孩，她也会选择救那条鳟鱼。研究者指出，该读者对于自己崇拜朱莉亚的行为感到惊讶。“朱莉亚唤起了她年轻时的‘正义感’。”他们写道。另一个读者评论道，朱莉亚拯救鳟鱼的行为代表了她“踏出成长的第一步”。他还补充说，从经验来说，成长不是一夜之间的事情，成长需要时间。他说：“你并不知道自己在悄悄长大，直到多年以后，你回首过往，才会明白现在正在发生的事情。”这些读者往往是被故事中与自身经历相关的部分打动。看了《鳟鱼》后，他们对自己有了更深刻的认识。

和“鳟鱼”实验中的研究对象一样，“飞蛾社”的观众也被埃里克的故事深深影响。“中场休息时我看到一个朋友被上半场的故事深深打动。”主持人大卫·克雷布说。他指的是一位叙事者讲述关于她母亲去世的故事。“我的朋友泪流满面，”克雷布继续说道，“一边说起她失去的至亲至爱，一边跟我说那个故事如何让她回想起当初的心境。”

“飞蛾社”吸引了各行各业的叙事者，包括前白宫新闻发言人，宇航员，作家萨尔曼·拉什迪、马尔科姆·格拉德威尔。但无论叙事者是何人，故事对观众的影响都是一样的。《纽约客》作者亚当·高普尼克曾说，“感人肺腑”的故事拥有提振精神的力量，它可能具备悲怆的意境、自我认知的特性或诗意的祝福，简单来说，可以发展成寓言或象征。

“叙事者和观众分享自己的故事，不仅为自己找到意义，也同样帮助他人寻获意义。这就是为何叙事如此重要，”克雷布说道，“有人可能认为，故事的字里行间都是你，你，你。但其实它可以延伸至虚空世界，与人们产生共鸣，让对方知道他们并不孤独。”

第五章

超　然

我从纽约飞到圣安东尼奥，然后驾车穿越遍布响尾蛇、犰狳、牛群和牛仔的陆地，一路向西，驱车 7 小时抵达戴维斯堡的麦克唐纳天文台。奇瓦瓦沙漠从得克萨斯西部延伸至墨西哥，是北美洲最大的沙漠之一，也是自然环境最严酷的沙漠之一。绵延几百英里的沙漠把陆地割裂成大大小小的城市。你在主干道上连续驾驶数小时，也未必看得见一辆车或一个人。正午时分，我下车吃饭，外面气温高达三十五六度。到了夜晚，温度一下子降到接近零度。

旅途的最后一程穿越了连绵起伏的戴维斯山脉。离此最近的大城市厄尔巴索还远在 200 英里之外。当我驾车沿山路蜿蜒而上时，麦克唐纳天文台上三座雄伟的白色堡垒跃然眼前。得克萨斯州高速公路上的车辆最高只能到达海拔 1828 米处，我只能在那儿歇息，通过望远镜遥望远处沙漠中的圆顶天文台。夜幕降临，它们盘踞在北美洲大陆最深邃的天空之下——太阳和月亮隐没后的夜晚伸手不见五指。

我无论如何都不会想到，居然有成百上千人为了超然体验来到这个看似寸草不生的世界角落。但在7月的晴朗夜晚，我来到了麦克唐纳一探究竟。当时已有500多人为著名的“星空飨宴”慕名而来，希望重温人类古老的仪式——观星。

晚上9点45分，天空已经暗下来了。观星仪式马上就要开始，向导带领我们沿着昏暗的小路往下走，弯弯曲曲绕过了十几个天文望远镜，来到露天广场。我和其他观星者挤在一起，抬头仰望，天空从地平线的一端延伸至另一端，像横跨在我们头上的巨型穹顶。刚开始，天上可见的星星寥寥可数。几分钟后，成百上千颗星星突然涌现在天幕之中。

我们看到的星星大都已有亿万岁，距离我们数十光年远，有的甚至更远。凝视它们就像在感受时光倒流：因为距离地球十分遥远，它们发出的光需要数年时间才能到达我们的眼睛，也就意味着当我们仰望星空时，我们凝视的是数年前的星辰。即使是距离太阳系最近的半人马座α星，也离我们有41万亿公里远。如果哪天它爆炸或陨落了，地球上的观察者也只能在4年半后发现。

我们的向导弗兰克指着大熊星座中的北斗七星，开始了“星座之旅”解说。北斗七星指向小熊星座里的北极星。弗兰克解释道：“多年以来许多文明都认为这个星座像一只熊，在欧洲人和美洲土著人还互不相知的时代，他们就把天空中散落的星星连成了同一种动物。从人类学的角度来看，这个现象十分有意思。”

每个文明都为这些星星赋予了不同的故事。在古希腊和古罗马时期，这两只熊的故事始于“好色之祖”宙斯。这位众神之父企图引诱美丽的仙女卡利斯托。卡利斯托是狩猎女神阿尔忒弥斯的侍女，曾立下守卫贞洁的誓言。但这并没有让宙斯打消念头，他乔装成阿尔忒弥斯接近卡利斯托，强行与其发生关系。不久，阿尔忒弥斯发现卡利斯托怀孕了，她怒不可遏，将其赶出了狩猎地。卡利斯托游荡在森林中，在孤独和脆弱中生下了阿卡斯。很快，宙斯善妒的妻子天后赫拉知道了这件事，她一怒之下把卡利斯托变成了一只熊。数年后，被诅咒成熊的卡利斯托来到儿子阿卡斯居住的森林里，差一点被阿卡斯杀死。此时，宙斯开始介入处理自己导致的乱局。他把阿卡斯变成了一只小熊，而后将大熊和小熊都扔进了夜空，变成了大熊座与小熊座。

对于古希腊和古罗马人而言，这则神话传递了关于人类的某些重要信息。作为凡人，我们的命运掌控在随心所欲的神手中。与神缔结联系可以引领我们通向天堂，得到永生——当然，也会引领我们通向野蛮的死亡，就如误闯圣地的雅克托安，他被阿尔忒弥斯变成牡鹿，最终被猎狗撕成了碎片。对我们而言，宇宙是个混乱无序的地方。

“今晚你会从望远镜中看到一个现象，”弗兰克说，“环状星云，我们这儿把它叫作‘宇宙甜甜圈’。”星云是恒星向外抛射的气体和其他物质，因此形似环状。“我们的太阳最终也会发生这个过程，但不会持续很久。”

随后，他把我们的目光引向了天空的西南方，那是火星和土星所在的位置，有一个明亮的红光点和一个显眼的黄光点。他在解说土星环系之时，一颗流星飞逝而过。众人屏气凝神，叹为观止。一个小男孩兴奋地大喊：“这是我第一次看见流星！”

“星座之旅”结束后，我们走到天文望远镜观景台，每一个望远镜都被设定了固定角度，对准某一目标点，譬如土星、火星，或距离地球数千光年并孕育着新星的天鹅星云。还有一个望远镜指向与我们相距 2500 万光年的 M51 旋涡星系。穿过望远镜，我们可以凝望地球上原始马匹和第一只带鼻子的大象出现的瞬间，那个时刻离现代人的出现还有 2490 万年。

观看土星的队伍绕了圆形广场一圈，我也加入排队大军等着看“宇宙甜甜圈”。等太阳也来到环状星云阶段，地球上的生物肯定早已毁灭。我旁边一个 5 岁小男孩问他的母亲：“妈咪，这也会发生在太阳身上吗？”

“是的，宝贝儿，”她深吸了一口气，“但那是几十亿年以后的事了，那时候你、我和爸爸都早已不在了。”

小男孩抱住他母亲的腿，一双硕大的眼睛仰望天空：“哇。”

麦克唐纳天文台汇集了来自世界各地的天文学家。他们住在山上的天文学家旅馆，以便夜间活动。白天他们在旅馆睡觉，厚重的窗帘遮挡着阳光，到了夜晚天空足够黑的时候，便开始在观星台上彻夜工作。

我到达天文学家旅馆时正值下午。为了不打扰他们安睡，我蹑手蹑脚地在旅馆里转悠。下午 3 点左右，我来到自助餐厅，天文学家们正在享用他们一天当中的第一顿饭。得克萨斯大学的教授威廉·科伦克邀请我和他一起去哈伦·J. 史密斯望远镜台。那一晚，我打着小手电筒，穿过了观星台，来到摆满旧式电脑的狭窄房间，科伦克坐在那儿听着音乐，气定神闲地记录数据。

科论克研究外行星，也就是围着其他恒星而不是太阳转的行星。行星本身不发光，我们很难寻觅它们的踪迹，因此寻找外行星仍是天文学里的新兴领域：20 世纪 90 年代，第一批外行星被证实存在。今天，科学家们相信他们已经证实了 2000 多个类似星体的存在，但也只是浩瀚宇宙里亿万颗星星的冰山一角。科伦克自己和其他研究者共同发现的外行星已有 1000 颗左右。

长久以来，科伦克用开普勒望远镜追踪遥远星体发出的光，并与一群外行星研究者共享他积累起来的数据库，通过数据库可以搜寻外行星可能的形态，获得外行星存在的线索。长久以来，科伦克和其他研究者都渴望找到这一样的行星：体积小、布满岩石、与恒星距离相对不远，像地球一样可以繁衍智慧生命。发现这类行星的概率还是相当大的。科伦克说："银河系之外还存在上千亿个星系，每一个星系都拥有数千亿颗星星。那里至少也会有数十亿个'太阳系'。所以我并不认为人类是宇宙中唯一的智慧生命体。但目前，我们还不得而知。我们对宇宙的了解少之又少。"

几小时后，科伦克带我离开房间，来到一条栈桥上。栈桥环绕着天文台的底座而建。月亮已落下，周围一片漆黑，唯有风声在响。我眺望前方，只见漫天星辰，流星一颗接着一颗一闪而逝。如此壮观的景象是我毕生首见。

我们走回房间，科伦克拿出一张哈勃望远镜拍下的照片。照片上的宇宙空间被称为“哈勃超深空”——其之于宇宙就如纱绢上的一个小针眼。这了张照片上有一万个遥远的星系，其中包含目前已知的最古老星系。

宇宙诞生于138亿年前，照片中一些星系仅存在了4亿到8亿年。当我们看图片的时候，其实我们在看时间的起源，宇宙的起源。

科伦克说：“这张图让我内心充满敬畏。”

人类自意识初开就仰望夜空，惊叹满天星辰，好奇它们是何物，有何意义。人们通过探究天体来解答有关人类存在的疑问。这个世界是如何开始的？世界会灭亡吗？世界之外是何处？他们追寻预兆、智慧和人类祖先的印记，但其实真正探寻的，是意义。

现今也是如此。我们抬头仰望夜空，看见的不是随机出现的火球或散布的光点，而是猎人和天鹅，是粉白色的带状银河。如果我们有宗教信仰，会认为那是“天堂”。我们也许比祖先更了解星体知识，但它们依旧是人类最深度的未解之谜。尽管我们努力经营生活，但与宇宙存在的数十亿年和还将继续存在的时间相比，我们存在于地球上的百年人生就太过微不足道。

也许你会想，在漫漫时间长河面前，我们的人生显得尤其荒诞和无意义。但事实却相反。当意识到自己不过是浩瀚而神秘的宇宙中的一粒微尘，我们感到卑微谦逊的同时也会体会到深沉而强大的意义感。拥有神秘力量的画笔——无论是在星空下，在艺术品面前，在宗教仪式上，还是在医院产房里——都可以重塑我们。

这就是超然（Transcendence）的力量。“Transcend”意为“超出”或“攀登”。一次超然或神秘的经历，是指我们感觉超越了日常，体会到更高的现实境界。佛教中，超然有时候以飞升指代。探索者生于人世间，而后“冲破穹顶”，飞升上天。宗教学者米尔恰·伊利亚德写道，佛教徒会飞升，“象征着在宇宙之外获得了非凡的存在模式”。

“冲破穹顶”这一比喻抓住了神秘经历的关键要素，无论是在宗教还是在世俗中。当超然时刻降临——哪怕这个时刻很短暂——你将冲破世俗世界中琐碎的纠缠，体会到更高且更神圣的世界。许多人有过超然体验，并认为那是自己人生中最重要、最有意义的事件之一。

19世纪美国著名的心理学家威廉·詹姆斯就有过这种经历。詹姆斯因对超然体验感兴趣，甚至吸食过几次一氧化二氮（俗称笑气）以“唤起神秘意识”。即使身为严谨的科学家和实用主义哲学家，詹姆斯也不得不承认，在药物的作用下，他感受到了“强烈的情感力量”。后来他对人讲述此番经历时说：“那时一个结论在我脑海中浮现出来，直到现在我仍对该结论的正确性坚信不疑：我们普通的清醒意识，即我们所谓的理性意识，只是意识类型的其中一种，除此之外，还存在完全不同的意识类型……宇宙中的事物没有唯一确定性，因此存在这些不被注意的其他意识形式。”

詹姆斯在著作《宗教经验之种种》中提出，神秘体验有四个特征。第一，被动性。尽管我们可以通过某些行为提高神秘体验出现的概率，例如冥想、斋戒或服用致幻药物，但外力的施加可能导致神秘感减弱。詹姆斯写道，神秘主义者感到“自己似乎被超力量一把抓住，握在手里”。第二，短暂性。神秘体验的持续时间几乎不会超过几小时，现实中往往更短。深沉而凝重的感觉（或某些情况下的神圣感）缓缓注入我们的身心，而后流逝不见。

詹姆斯强调，另外两个特征尤为重要。第三，神秘状态是难以言喻的。我们很难用言辞充分表达我们的感受。“神秘体验的感觉只能自己意会，不能言传。”第四，神秘体验具有启示性。换而言之，神秘体验可传递知识和智慧。“神秘体验可以带我们进入理性心智未曾抵达的深层真理境界，”詹姆斯写道，“神秘体验是充满意义和价值的启示，尽管难以言喻。此外，神秘体验常给我们的未来留下其神秘的威严感。”从神秘体验中提炼出的意义通常伴随我们一生。

超然状态中会有两件奇特的现象发生。据宾夕法尼亚大学心理学家，超然研究领域专家大卫·亚登所言，首先我们对自我的感知会随着微不足道的忧虑和欲望一起被冲刷而去，继而与他人以及世上的一切事物深深地联系在一起。我们对存在和死亡的忧虑烟消云散，这一瞬间，生活似乎变得脉络清晰，心中只余平静和安详。

近年来，科学家们开始研究我们对神秘情绪的情感反应——他们称之为“敬畏”。当某些事物拥有超出我们领悟范围的雄浑和广袤，我们会心生敬畏，譬如一幕壮观的景色、一首高雅的音乐、一种慷慨的行为，或与神有关的事物。18 世纪的哲学家亚当·斯密写道：“如果出现了新异而罕见的事物，而脑海中找不到任何与之相似的记忆，敬畏之情便会产生。”换而言之，敬畏冲击了我们日常理解世界的心理模式。我们必须更新那些习以为常的模式才能接受和理解这种经历。这也是为何神秘超然的经历会给人带来巨大的改变——它们改变了我们理解世界和周围环境的思维模式。

2007 年，研究者米歇尔·施塔与同事达契尔·克特纳及阿曼达·莫斯曼共同发表了关于敬畏情绪如何影响我们对自身看法的最早的实证研究。他们找来 50 名大学生做实验。学生们到达实验室后，研究者带他们来到伯克利校园的另一处建筑，一个令人敬畏的景观正在那儿等着他们：生命科学教学楼的大厅里呈放着巨型霸王龙化石。化石硕大无比，长 7.6 米，高 3.6 米，重达 2.3 吨。在庞大的骸骨面前，学生们被要求用 20 个句子来回答“我们是谁?”这个问题，开篇格式统一为“我……”。

心理学家在分析学生们的自我陈述时发现，回答大体可归纳为四大类：诸如“我很高”或“我很瘦”这类生理方面的回答；或是“我很有趣”“我很聪明”之类的性格特征表述；还有关系类描述，像是“我在和约翰约会”或“我是一个哥哥”；最后一类回答，人们对自己的定义超越了自我本身，他们把自己描述成“我是宇宙的一部分”或“我是人类的一部分”。

实验证明，人们在心生敬畏的情况下的自我认知，与对照组同辈们的认知大相径庭。在一项更早期的研究中，研究者发现，产生敬畏之情的研究对象倾向于把自己描述成“渺小而卑微”或

“迷惘而漫无目的”的，并提及他们见证过“比自己更加宏大的存在”。在恐龙实验中，研究对象的自我贬低情绪转化成了与广袤的外在世界的联系。这就是超然体验的奇特现象，它让个体同时产生卑微的情绪和与广袤世界的感情共鸣。我们应如何解释这个悖论？

冥想者的类似经历也许能为我们提供一些线索。在神秘经历达到顶峰的瞬间，他们感觉身体的边缘界限逐渐消失，与周围的世界没有任何阻隔、融为一体。一项参与研究的冥想者体验了超然，他感受到“时间的永恒和空间的无限，好像与世间万物融为一体”。福利尼奥的安吉拉是13世纪方济会的修女，对超然体验的描述精彩绝伦：“我因完全拥有上帝而脱离惯常状态，上帝指引我踏上寻找安宁的旅途，到达安宁境界之日就是我与上帝融合之时，彼时我将对一切感到心满意足。”

科里·穆斯卡拉也曾达到过超然的境界。科里出生在长岛的南海岸，上大学后一心想进入金融行业。但2012年毕业之时，他突然想让自己的人生变得更加丰满，因此决定前往缅甸的寺院，最终在那里皈依了佛门。旅居缅甸寺院的6个月里，科里每天冥想14到20个小时，夜晚睡在硌人的木板床上，每天只在早上5：30和上午10：30吃两顿简餐。期间，没有交谈，没有音乐，没有书籍——仅有清规戒律，以助他打破自身与外界的界限。

科里动身前往修道院之时，十分期待这次冒险。“我真的大开眼界，难以置信，”他说道，“走出舒适区的体验让我十分兴奋。”寺庙坐落于绵延百里的群山之中，科里的房间与监狱牢房一般大小，爬满了虫蚁。“这正是我想要的条件。”他想。但 12 个小时之后，科里动摇了刚才的念头：他躺在床上哭泣，质疑自己来缅甸的初衷。

情况并没有好转。数日以来，由于每日凌晨 3：30 开始严苛的冥想修行，几乎整日在冥想殿中盘腿而坐，科里感到浑身疼痛。一波波袭来的痛感从颈部开始，向下延伸至腰间，继而蔓延至腹部，呼吸稍深，就能让他疼得蜷缩起来。冥想和痛感交织相缠：科里不能集中精力冥想，满脑子的思绪都集中在身体的疼痛上。来到寺院的第 5 天，科里认为自己不可能坚持 6 个月这样的生活。他想回家。但到了回程之日，科里想起当初来缅甸的初衷——为了深刻地体验痛苦，最终还是留了下来继续面对苦行生活。

在那些痛苦而漫长的日子里，科里一直坚持正念冥想。正念冥想是为了激发更敏锐的意识状态。不像其他冥想形式需要不停地念咒，正念冥想修行者把注意力放在周边的事物上，譬如修行者自身的呼吸频率或是移动时身体的微妙感觉。著名的正念研究专家乔·卡巴金博士说：“正念是指我们需要以特定的方式集中注意力：带有明确目的，不带主观评判，专注当下瞬间。”

最终，修行者可以达到抽离思绪、感情、感知和过往的状态，以旁观者的姿态中立地观察这一切，而不是让它们来定义我们自己。在佛教中，正念冥想是开悟的途径，或者说意识到人生在世皆是虚幻。当通过冥想剥下自我的外衣，便只剩下个人对世界最原始真实的体验——这是一种由整体性和互联性定义的现实，而非由自我意识随便定义的。

科里重新回到冥想厅，希望能从痛苦中领悟智慧。每当注意力集中在疼痛上时，他便感觉心中思绪涌动：“你为何而来？你不会从中得到任何东西。人怎么能在如此炎热的房子里冥想？这里蚊子太多了，你应该找座别的寺院。你现在就应该出去和女人约会，而不是整天在这儿静坐。”由于身体的疼痛，那些思绪点燃了他的熊熊怒火。但科里及时地意识到自己有能力抽离这些思绪，打破消极情绪的循环。他发现自己渐渐能和痛苦共处了，用正念的比喻讲，他可以静坐河边看河水流淌，而不是卷入水流了；尽管身体依旧疼痛，但不再受来自情绪的“二次痛感”折磨。当意识到可以自己控制痛感时，他就知道自己可以在这座寺院住满 6 个月了。

几周时间过去，科里有时能做到心无旁骛，有时又情绪不定。每当感觉到美好、心神稳定之时，科里会告诉自己：“这就是我想要的感觉，坚持久一点。”但这种感觉终会逝去。每当他感到痛苦，他又告诉自己：“这种感觉太难过了，我要与之抵抗到底。”这种感觉也终会消失不见。

“最终，我对自己说：‘停止吧。不要再强留美好的感觉，也不要再抵抗痛苦的感受。人生总是起起落落，时好时坏，你可以努力挽留美好的事物，也可以极力拒绝坏的事物，但无论如何，一切终将改变，所以任它去吧。’只要这样提醒自己，我的内心就不再有贪恋或抵抗。我可以只关注自身经历，这让我得以保持内心深处的平静。”

到了这个阶段，科里开始加强冥想修行。踏入寺院之初，科里只是每日强制自己静坐 14 个小时，且大部分时间是在冥想殿上进行冥想。如今，他可以每日在自己狭小昏暗的房间里进行 20 至 22 小时的冥想。他每天凌晨 2：30 起床，午夜入睡，只有用餐时间才会踏出房门。

在快要结束寺院生活的某一天，科里醒来时感到身体敏锐得不同寻常。在睁眼之前，他感受到全身的感官知觉像电流一般在体内流动。下床后他发现，自己不仅仅在移动，而且在观察自己身体的移动。早晨冥想之时，他的心神不再游移。

吃完早饭回房的途中，科里在一座桥上停下脚步，席地而坐，眺望远处的池塘。之前科里在桥上冥想时会感到安宁祥和，但除此之外再无其他。那天，科里看着池水，精神变得越来越集中，突然，不可思议的事情发生了：阻隔在他和池塘之间的屏障消融了。此前看池塘的时候，他常觉得自己是独立的存在，在看着另一个独立的存在。如今的感觉是“合一、无二、共有”，科里说他感到自己与周围的一切合而为一。

“我清晰地感受到有关自我的概念——诸如差异性，我和非我，内在和外在的定义——皆是幻觉，它们都是内心杜撰出来的事物，就如烟斗里飘出的烟。只要你停止想象，它们就会烟消云散。”那天他看着池塘，心无旁骛，内心骤然打开，悲悯之情如潮水般涌入心房。“当你变成无物，你会发现你与万物融为了一体。”

一个月后，科里回到长岛家中，他看待生活的方式发生了改变。科里不再像从前那样一心谋求高薪职业，如今的他希望帮助人们从苦难中获得解脱。科里开始从事正念冥想教师的工作。虽然在缅甸寺院获得的情感冲击已终消退，但所得的智慧仍然伴他左右。譬如，当他开始执教，科里又发现自己渴望赚更多的钱，渴望成为一名好老师。但一旦发现那个自我开始掌握内心，他就马上放下心中的欲望，把注意力转移到学生身上。“如今我可以轻而易举地放下自我，”他说道，“因为我清楚地知道一切皆幻影。”

科学家可以观察到像科里那样的神秘体验是如何在大脑中展开的。托马斯杰斐逊大学的神经学家安德鲁·纽伯格对冥想高手的大脑活动进行了研究，以了解超然状态下情绪的变化。在一个研究中，纽伯格和他的同事采用单光子发射计算机断层扫描（一种脑成像技术），对八名藏传佛教徒进行实验。

科学家测量了研究对象的大脑活动基准值，然后让他们在独立的房间里进行冥想。当冥想者感到自己快要到达超然境界时，就扯动手中的长线，另一个房间里监控电脑的纽伯格和他的同事尤金·达基里就会做好准备。随后，研究者通过静脉注射管给冥想者注射示踪剂。超然体验结束后，冥想者被带到特殊的高科技摄像机前，拍摄大脑活动影像。研究者通过示踪剂的动态观察血液在脑部的流动方向和区域：聚集越多血液的区域表明脑活动越活跃，反之亦然。

纽伯格和达基里发现，在超然体验达到顶峰的瞬间，冥想者的上后顶叶活动减弱——纽伯格把这部分大脑区域称为“定向关系区域”，因其主要功能为确定自身的空间位置，追踪物理边界，辨别自我与非我。通常，定向关系区域的脑部活动十分活跃，需要处理来自外界的感知信息，并利用这些信息帮助我们进行空间定位。当定位关系区域里的感观神经元输入极速下降，大脑就不能辨别自我与非我。此时，人会感到与万物相连接——达到“天人合一”的境界。

在另一项研究中，纽伯格对苏菲派教徒冥想时的状态进行探究。关于苏菲派教徒的研究还处于早期探索阶段（目前纽伯格只研究了两名苏菲派教徒），但这也许能给神秘状态的神经基础研究带来启发。进入冥想状态时，苏菲派教徒的大脑额叶的活跃程度降低。大脑额叶控制意识决策，使个体获得对环境和行为的掌控感。如果大脑额叶的神经元输入大量减少，大脑的逻辑和控制中枢则会停止运作，我们会产生敬畏感。

威廉·詹姆斯指出，虽然超然体验终会结束，但足以给心灵留下不可磨灭的印记。人们在经历了这种体验后，会从根本上改变自己。美国前宇航员杰夫·阿什比的经历就是一个好例子。艾伦·谢泼德成为美国第一个进入太空的人时，杰夫还是个孩子。当时是 1961 年 5 月，美国国家航空航天局才成立不足 3 年。1 个月前，苏联第一次把人送上太空。6 岁的阿什比梦想着有一天自己也可以飞入宇宙。

梦想遨游太空对一个小男孩来说是件兴奋无比的事。把谢泼德载入太空的“水星计划”成功后的 10 年间，美国政府把“阿波罗 8 号”送入太空绕月飞行。1968 年是历史的分水岭：见证了马丁·路德·金和罗伯特·肯尼迪被刺杀，也看见了希望和光明的灯塔。此前从来没有宇航员探索过低地球轨道以外的太空，也从来没有一艘宇宙飞船可以环绕其他星体航行。

14 岁的阿什比在平安夜与全世界一起观看美国太空任务的直播。宇航员们绕月亮环行了 10 次，轮流诵读《圣经·创世纪》的段落："起初，神创造天地。地是空虚混沌；渊面黑暗。神的灵运行在水面上。神说：要有光，就有了光。"

"阿波罗 8 号"上的宇航员也拍下了令人炫目的照片，其中最著名的一张叫"地出"（*Earthrise*）。从太空回望地球，改变了人类对自己的看法。数千英里之外观察到的我们的星球，显得如此微小和脆弱。1968 年 12 月 25 日，"地出"照片拍摄后的一天，诗人阿奇博尔德·麦克利什在《纽约时报》上发表了一首诗："看到地球这样渺小、蔚蓝、美丽、真实地漂浮在永恒的静默中，就是看到我们自己在地球上并进的骑手，是共享这动人与寒冷的兄弟。"

人类进入太空后的数十年间，包括美国、俄国和中国的宇航员在内，有将近 600 人有机会从这种高度看见完整的地球，其中就包括杰夫·阿什比。1999 年，45 岁的杰夫实现了儿时梦想，与第一位航天飞船女船长艾琳·柯林斯一同进入太空。他们的任务是在太空中部署名为"钱德拉"的 X 射线太空望远镜，作为哈勃望远镜的补充仪器，用于高能量事件的拍摄，譬如黑洞活动、星体爆炸、星系碰撞等。阿什比和柯林斯被安排在登月 30 周年纪念日起飞。从起飞到进入太空只有 8 分钟——8 分钟内从地球表面上升到 24 万米以上的空间，真可谓"冲破苍穹"了。

阿什比从太空中遥望地球，只见一颗球体悬挂在无尽的黑暗之中，摇摇欲坠。大气"薄如蝉翼"，就像"覆盖在篮球上的一层纸”。所有人都被笼罩在这层薄纱之下。“你意识到，所有的人类都在那层大气之中，那块岩石之上，”阿什比说，“你意识到，我们很可能会从太空中消亡。你意识到地球是如此渺小，90 分钟就可以绕地球飞行一圈。除了一两个国家以外，你几乎看不见国与国的边界，只能看见一片片土地和水域交错相连。我清晰地感受到，地球一端发生的事情可以影响地球的另一端。同时，我还感受到联结——我们都以某种形式联结在一起。”

进入太空之前宇航员必须在最高级别的院校、军队和政府组织接受数年的严苛训练。能脱颖而出的人将会成为世界英雄，被世人铭记，名垂青史。因此，包括阿什比在内的所有宇航员都满怀雄心壮志。

太空飞行的荣光是阿什比多年以来的信念。但第一次任务结束后，阿什比彻底改变了这种信念。他开始寻求更深层的成就感，以大我而非小我为中心的成就感。其他进入太空的宇航员也经历了类似的改变。据一项研究表明，他们的价值观从关注自我（如成功、快感和自我导向）变为超越自我（如回归自然、信仰上帝和世界和平）。“你开始拥有了片刻的全球意识，拥有了以全人类为中心的价值观，开始对世界的现状严重不满，”另一名宇航员说道，“你产生了改造世界的冲动。从月球上向地球望去，国际政治变得如此渺小，不值一提。你想一把抓住政客，拽着他的脖子拖到数万米外的太空，对他说一句‘看看那儿，臭小子’。”科学家们把这种视角的剧烈转变现象称为“总观效应”。

此后，阿什比又执行了两次飞行任务，帮助建立国际空间站。

在54岁的时候，阿什比离开了航天局。和许多宇航员一样，经历了“总观效应”的阿什比决定把自己的经验和才能贡献给伟大的事业。例如罗恩·加兰安成立了玛纳能源公司——一家把饮用水运输到卢旺达和肯尼亚村庄的环保组织；艾德加·米切尔成立了思维科学研究所，研究人类意识。

阿什比一直在结合自己太空飞行的经历，思索人类和地球的未来。“在太空中，当你看见我们大气层那道薄如蝉翼的蓝色弧线，你会担忧下面那些脆弱的生命，会想要保护他们。”

他意识到，终有一天地球也会消殒或变得不再宜居，人类需要迁移到另一个星球以求生存。“这个星球可能存在于太阳系之中，”他说，“但由于我们的太阳寿命有限，最终我们还是要迁移到另一个星系开创文明。”如今，阿什比供职于一家叫“蓝色起源”的太空公司，该公司由亚马逊CEO杰夫·贝索斯创立。阿什比从事搭载付费乘客飞行的技术开发。他们的最终目的，是在地球不再宜居之时帮助人类撤离。但从短期来看，他们希望让普通人有机会安全进入太空旅行，让更多的人体验“总观效应”，这些人回到地球后，也许人生能有所改变。

绝大多数人一辈子都没有机会坐上宇宙飞船。但即使在地球上，我们也可以把注意力转移到周围的世界，以获得超然体验。对此，可能没有人比19世纪的自然主义者约翰·缪尔的体会更深了。约翰·缪尔是国家公园系统拥护者，“塞拉俱乐部”的第一任主席。

缪尔生于苏格兰邓巴市的一座海边小镇。在那儿，他第一次爱上大自然，还在蹒跚学步时就和祖父走遍了小镇。等长到可以独自出门的时候，他常在北海滩或附近的草原上度过他的闲暇时间。1849 年缪尔和家人移居美国，11 岁的缪尔发现了另一处野外乐园，那是他们定居的威斯康星州的一座农场。他对农场里的鸟儿、昆虫、松鼠、花朵和蕨类植物充满了无限好奇。

缪尔对大自然的热爱与日俱增。20 岁出头的时候，他考取了威斯康星州大学，开始接触、研究植物学。后来他形容道，这门学科让他“欢快热烈地遨游于树丛中、草原上”。“和所有人一样，”他写道，“我喜欢花，被它们外在的美丽和纯洁所吸引。如今，我看到了它们内在的美丽，似乎透着上帝思想的荣光，延伸至无限的宇宙。”

如果说花朵给缪尔带来了兴奋，那么加利福尼亚州的内华达山脉则令他疯狂不已。缪尔于 1868 年移居加利福尼亚，次年的整个夏天他几乎都在今天的约塞米蒂国家公园里度过，他“穿梭于岩石之间，攀爬于群山之中，立于悬崖之上，感受瀑布的水花飞溅脸庞，穿过牧场闯入百合花丛，笑看草蜢和花栗鼠滑稽可笑的姿态，抚摸香雪松和糖松的树皮，每夜躺在云杉木制成的床上伴着木香入睡”。这位 19 世纪的施洗约翰①沉醉于大自然的和谐一体。“当我们想从这一派醉人风光中挑选出一个独立存在时，”他

① 此处指施洗约翰居住于旷野之中，穿驼毛衣服，腰束皮带，靠吃蝗虫与野蜜为生，过着原始、简朴的生活。——编者注

写道，“我们总会发现它正与宇宙万物相关联。”

缪尔对大自然的崇敬源于超验主义的影响——这一哲学运动在新英格兰繁荣的时候缪尔恰好出生，它们最具开创性的作品之一是拉尔夫·瓦尔多·爱默生于1836年出版的《论自然》。对爱默生而言，自然之美是神圣之美的映象；自然本身就是神的化身和接近上帝的入口，但他又觉得大多数人还未能领悟大自然的神奇魅力。他的朋友亨利·大卫·梭罗哀叹道，世人被日常琐事分散了注意力，而工业革命和火车的发明加快了生活节奏，致使这一问题越演越烈。爱默生写道：“对于无趣的灵魂，大自然犹如铅灰色般死寂。但对于通透的灵魂，世界飞溅着明亮的火花。”

缪尔就拥有通透的灵魂。对于缪尔来说，置身大自然之中就是在体验超然时刻。他探索自然之时，看见的不仅仅是山川、河流和草原。他看见更宏大的存在，因此感到谦卑。“人类只是大自然的一部分，为何总是自视甚高？”他写道。在《论自然》中，爱默生用各式各样的表达形容相同的感觉。他写道，在树林中，“我感到此生不会有祸事降临——没有耻辱，没有灾难（让我的眼睛避开它们吧），没有什么是大自然无法治愈的。站在裸露的土地上，思绪沐浴在欢快无忧的空气中，飘飘欲仙，进入无限空间，在那里，一切庸俗的私心杂念消散殆尽。我化作一颗透明的眼球。我是无物。我可观万物。宇宙之流徜徉我身，我成了上帝的一部分或它的一颗粒子。”

缪尔与爱默生在自然中获得的体验，就与杰夫·阿什比在太空之中、科里·穆斯卡拉在缅甸寺院里的经历相同。他们探索外界以实现自我突破。爱默生的自传中写道：“如果这是神秘主义，那它就是最常出现且易于接受的一类神秘主义。”

心理学家保尔·皮弗在2015年发表了一项研究，他与同事探索了大自然中令人心生敬畏的经历对人的影响。人们是否会如爱默生那样，在漫步森林之后感觉自己是一颗透明的眼球？为了找出答案，研究者带领90名大学生一同进入高大茂密的桉树林。一半的学生被要求仰望高达60米的桉树一分钟，而另一半的学生则需要眺望几米外的高楼一分钟。

学生们不知道该研究的目的——他们被告知这是一个视觉感知研究。即便如此，参天大树下的一分钟也产生了转化的效果。

学生们结束了观察后，实验者拿着一盒笔和一张问卷走到他们身旁让每个人填写。随后，实验者“不小心”把那盒笔掉到地上。皮弗和他的同事假设，产生了敬畏之情的学生对自己的关注更少，对他人和外界的关注更多。最后，该假设被证明是成立的：观察树木的人更乐于助人，帮忙拾笔的学生明显多于对照组。而他们完成的问卷给出了答案：心生敬畏的人弱化了自身的重要性，他们变得更加慷慨，与爱默生一样，内心庸俗的私心杂念消失殆尽。他们抛弃了我们大多数人以自我为中心的自负感，从自我中跨了出来，与他人产生联系，并给予他人关注。

超然体验中自我消失的感觉有时被称作“自我消亡”，这种感受帮助人们所有人都会经历的终极消亡：死亡。“人们想到死亡，”心理学家马克·利里写道，“会想到他们存在的核心——自我——将不复存在。”对多数人而言，在死亡的过程中消亡是可怕的。但在超然体验中经历过自我消亡的人可以更好地面对死亡和失去。

以贾宁·德莱尼为例，她在 2005 年被诊断为白血病晚期。贾宁在密歇根州的天主教家庭长大，但最后脱离了天主教派。成年后的贾宁觉得精神空虚，对佛教产生了兴趣并从中获得启发，但她没有正式皈依或进行禅修。得知病情后，贾宁突然发现，缺少宗教后的生活犹如破了一个洞。“我心中缺少一套信仰体系，”她说道，“这令我十分困扰。”

被诊断出癌症是一件不幸的事，但贾宁的情况尤其糟糕。两年前，贾宁进行了心脏直视手术。在恢复期间得知患上绝症，这对贾宁来说无疑是雪上加霜。“无论多艰难的挑战，我每次都成功克服。但得知病情后，”她继续说道，“有一瞬间，我在想：‘人啊，到底还能战胜多少次困难呢？’”她感觉自己犹如一座孤岛，不知因何而存在，如同置身蛮荒之地。

2008 年，贾宁发现约翰霍普金斯大学正在进行一项研究。研究者们希望了解，裸盖菇素致幻剂导致的超然体验，在个体面对死亡时是否具备治愈效果。裸盖菇素是“幻觉蘑菇”中的活性成分，可导致使用者产生敬畏、狂喜的感觉，和许多致幻剂一样，长久以来被使用在宗教中。“得知这个研究时，”贾宁说，“我拨通电话前就已明确地知道，我需要参加这个实验。”

自古以来，服用致幻剂被全世界的神秘主义者、教徒、祭司视为仪式的一部分。例如，许多北美土著人曾服用佩奥特掌（一种有致幻作用的蓝绿色小仙人掌）和“幻觉蘑菇”。同时，现代印度和伊朗的雅利安人在宗教仪式中普遍使用致幻剂。此外，古希腊的厄琉息斯秘密仪式也是如此。他们认为这些植物极度神圣，直接为人类提供了接触上帝和神灵的渡口。致幻剂使用者进入超然世界后的所见所闻，被认为是神的现身。阿兹特克人称幻觉蘑菇为“上帝的肉”。

该研究的主导者罗兰德·格里菲斯不认为神性来源于药物。但他个人20年的冥想修行使其对神秘主义产生好奇。作为精神病理学家，他还希望了解神秘主义与其世俗世界观是如何相辅相成的。超然体验可以减少像贾宁这样的绝症患者的恐惧和焦虑吗？

为了找到答案，研究者为参与者做足了周全的准备。他们把参与者带入舒适的独立房间，让他们戴上眼罩和耳机。眼罩的作用是防止视觉干扰内心感受，耳机中播放的歌曲营造了药物致幻时的高潮与低谷氛围。研究对象被告知服药后可能会产生某些感觉，实验期间两名研究人员及一名志愿者会留在房间，以备不时之需。总而言之，研究者尽一切努力让参与者感到稳妥可靠，尽量不让这个实验变成“糟糕的体验”。

每一步实验步骤都要求严苛，因为格里菲斯及其团队不想重蹈蒂莫西·利里的覆辙——蒂莫西·利里是心理学领域的魅力学者及20世纪60年代反主流文化运动的领袖人物，也是哈佛大学的心理学教授。利里听闻墨西哥人服用“幻觉蘑菇”的事迹后，于1960年夏天来到墨西哥，并与朋友在库埃纳瓦卡的别墅中尝试该药物。当时，利里正遭遇中年危机。年近不惑的他抱怨道：“我是个一条腿已迈进坟墓的中年男人。我的快乐，我的感官，我的创造力，通通都在走下坡路。”但超然体验带来的幻觉把他的灵魂重新拽回了身体。“在库埃纳瓦卡游泳池边的 4 小时里，”他在自传中写道，“我更了解人类的内心以及大脑的构造了，比之前 15 年的心理学研究所了解到的还要多。”面纱已从眼前摘下，他已脱胎换骨。

当他重回哈佛大学，利里坚信致幻剂可以成为善的推动力。他开启了“哈佛裸盖菇素项目”，以证实“裸盖菇素的使用可以使人的体验更加丰富多彩、刻骨铭心”——同时他还鼓励大众使用致幻剂。利里对致幻剂的狂热致使其研究方法论出现瑕疵。当 LSD（一种迷幻剂）被用以消遣并风靡一时后，利里和这种迷幻剂开始被强烈抵制。1963 年，利里被哈佛开除，致幻剂也在几年后被严格禁用。理查德·尼克松总统称利里为“美国最危险的男人”。

50 年后，经美国联邦政府允许，格里菲斯及其研究团队严格遵守规定、小心谨慎地推进此次研究。他们观察了致幻剂在四组研究对象中产生的影响：健康的志愿者、罹患抑郁焦躁症或晚期癌症的病人、希望戒烟的人和宗教界人士。他们的研究结果再三地证明了超然体验对意义构造的影响之大。

贾宁服用药丸后在房间里待了大约 8 小时，躺在沙发上，听着研究者提供的音乐。中间她经历了典型的神秘体验。她感觉时间静止了，感到与无垠的存在相连接，敬畏之情向她涌来，将其淹没。“我身体的每一个粒子都与上帝融合，”她如此描述那次经历，“你想象着这些事情，体验了超然时刻，而后更宏大的存在随之而来，那感觉就像……哦，我的天啊。”

最离奇的时刻随塞缪尔·巴伯的《弦乐柔板》而至。贾宁沉浸在曼妙的音乐之中时，突然意识到自己的呼吸随着节奏律动。音乐渐至高潮，音调越来越高。当她到达意识的高潮时，呼吸骤停。“然后音乐停止了，在那一瞬间，”她说，“我发现从此不再呼吸也可以接受。这是种奇怪的启示。认识到自己可以接受呼吸停止这一事情，对我来说意义重大。”

与格里菲斯研究中的其他癌症患者一样，贾宁的焦虑从此消失。面对死亡，她变得更加从容。“拥有过那种经历，你会不再恐惧。这并不意味着我不害怕肾被取出来，或者不再害怕癌症的来势汹汹。但我提醒自己，我曾说过这样的话：当你走到人生尽头，停止呼吸也不是一件大不了的事。”

“如果你坚持唯物主义世界观，认为一切都将随着躯体的死亡而消逝，不再拥有任何意义或希望，”格里菲思解释道，“那么死亡似乎是悲凉的命运。”他补充道，“但如果你曾经历过超然时刻，感受过与世间万物相融合，震慑于生命和意识的神奇，那么不管你是否相信天堂、轮回或来生，你都会意识到自己对神秘力量一无所知。”以贾宁为例，这种神秘体验让她从容地面对命运。

“此时此刻，我正坐在后门廊上，”贾宁于 2014 年写道：“看着我的植物生长。目及之处皆是宇宙。你是宇宙，你是伟大整体的一部分。”意识到自己仅是宏大存在的一小部分让贾宁感到慰藉。这一认知让她明白她的死亡只是万物轮回中的一个环节。

贾宁说，佛教徒用云对以上感悟做了比喻，云从空中消失之后意味着死亡吗？佛教高僧一行禅师写道：“云迟早会变成雨露冰雪。凝视雨水，你将看见云。云并非消逝而去，它只是变幻成雨水，雨水则变幻成草，草变幻成奶牛，奶牛变幻成牛奶，而后变幻成你所享用的冰激凌。”云并没有死去。它以千变万化的形态存在于宇宙之中。同样地，超然体验让贾宁明白她也将以千变万化的形态存在于宇宙之中。这也就是为何她临终之时可以安然接受呼吸停止。贾宁于 2015 年逝世。

第六章

成　长

莎拉问：“你多久会梦见她一次呢？是不是梦到她对你说：‘最近一切顺利吗？’”

“是的，我有做过类似的梦。但更常梦见其他。譬如有一次，”克莉丝汀说，“我梦见她在洗碗，我走过去对她说：‘不用操心洗盘子的事。我会自己洗。’就是这样很简单的梦境。但有一次，我梦见我坐在长椅上，她走过来坐到我身边，握着我的手说：‘一切都会好起来的。’当时我很激动。我能感觉到她手心的温度，很真实的感觉。”克莉丝汀双手紧握。

“然后我醒了，心中怅然，‘我再也见不到妈妈了’。就像某天我走在街上，途中发生了某些事情，我心想：‘啊，我应该跟我妈讲讲这事儿。’但突然想起，我再也没法告诉她了。因为她已经过世了。”克莉丝汀用手中的叉子不停地搅动盘中的食物。“她以前就在这儿。我能看见她走进这个房间。但现在，”她摇着头，看着地面，说道，“我再也见不到她了。”

“我从来没有梦到过我爸爸，”莎拉说，“没梦到过你说的那种场景。”

莎拉的公寓位于曼哈顿上城华盛顿高地，我正坐在她家的方形餐桌旁。桌上有五个人：莎拉和她的男朋友劳尔、克莉丝汀、一个叫桑迪的女人，还有我。那是10月份某周日晚8点，莎拉和克莉丝汀在谈论梦见已逝父母的情景。两小时前，克莉丝汀、桑迪和我带着酒、薯片、牛油果酱以及苹果馅饼来到公寓。莎拉做了穆沙卡（一种希腊传统食物）；我们到达公寓时，劳尔开始准备鸡尾酒；桌旁的玻璃瓶中装满了他酿制的龙舌兰。昏暗的灯光下，飘着轻柔的背景音乐。玩闹的两只猫时不时从地板上一蹿而过。

“晚宴派对”是一个社区组织，经历过至亲至爱意外死亡的年轻人汇集在此。美国各大城市里的派对成员，像莎拉、克莉丝汀、桑迪和劳尔一样定期聚餐，分享失去至亲对自己生活的影响。除我之外的其他四人已在莎拉和劳尔家中有过几次聚会了。我没有像他们那样失去过至亲，但我受邀加入聚会，以了解人们是如何走到一起塑造意义，如何经历磨难而成长的。

我们每个人都背负着一些情感包袱——给我们带来恐惧、伤痛、愧疚和不安的包袱。大部分人心中埋藏着至少一种痛苦根源，影响着我们看待世界的方式。酗酒成瘾或有暴力倾向的父母，被校园霸凌的伤痛，失去孩子的恐惧，被强奸的创伤，被抑郁症、癌症、毒瘾或其他身心疾病威胁的无助……这些我们难以克服的苦难给我们带来阴影和伤痛。

同时，这些经历也会阻碍我们在生活中寻获意义。它们粉碎我们基本的世界观（以前我们相信人性本善，世界及我们生活的环境是安全稳定的）；催生出悲愤和憎恨；把我们逼到绝望境地，甚至自杀；导致我们陷入危险关系，丧失身份认知和人生目标，抛弃信仰，认为自己卑微渺小，人生毫无意义——就如莎士比亚笔下的麦克白所言，“充满喧哗和骚动，却找不到一点意义”。

但其实，苦难所带来的危害远不止于此。创伤经历可导致深远的，甚至是毕生的伤害。但从痛苦中挣扎出来后，我们会在某种程度上得到成长，最终获得人生的智慧和意义。我们通过归属、目标、叙事和超然这四大支柱寻获生活的意义。如果这些支柱足够强大，我们便可依靠它们对抗苦难。若创伤导致它们动摇或坍塌，我们可以重建这些支柱并使之更坚固、防御能力更强。在那个纽约的秋夜，莎拉、克莉丝汀、桑迪和劳尔围坐在餐桌旁，重建他们的支柱。

“晚宴派对”由列侬·弗劳尔斯和卡拉·费南迪斯创立。二人于 2010 年在洛杉矶相遇，并很快得知双方最近都经历了丧亲之痛。列侬的母亲死于肺癌，而卡拉的父亲死于脑癌。当时，同为 21 岁的列侬和卡拉因共同经历而瞬间建立心灵联结，尤其二人都觉得此事难以和朋友倾诉。谈论死亡时，她们的朋友会感到不适，不知做何反应，只能说一声“我很遗憾”，然后迅速转移话题。这不是他们的错——他们本就无法感同身受。但在纽约见面时列侬告诉我，他们的反应让她和卡拉倍感孤独。所以，二人因共同的苦难经历而得以互相依靠，算是一件欣慰之事。

卡拉列出一张名单，上面都是经历了丧亲之痛的年轻人。卡拉邀请他们到她的公寓举行晚宴派对。最后，5 个女生参加了派对。她们促膝夜谈至凌晨两点，仿佛是彼此的挚友。列侬和卡拉意识到，那一晚她们创建了特殊的社群组织。后来，她们开始思考如何在全美范围内推广这种社群模式。

2016 年，从卡拉公寓里发展起来的非正式晚宴变成了全国性的非营利性组织和运动。受益于卡拉和列侬，如今全球 60 多个城市，从旧金山和华盛顿，到温哥华和阿姆斯特丹，经历丧亲之痛的年轻人得以亲密相聚，就像我在华盛顿高地参加的聚会一样。列侬和卡拉也时常设宴招待莎拉这些举办“晚宴派对”的主人。此外，她们还在纽约和旧金山举办活动，与大家一起探索克服悲痛的方式。但该组织的着重点是派对本身。晚宴上，每张餐桌可容纳 6~10 人，若是现场爆满，参与者还要排队等候，或主办者在同城另外多举办一场活动。

晚宴没有特定的议程或主题。参与派对的成员们可以随心所欲，畅聊无阻，可以谈论情感问题，也可以聊聊媒体审美标准，就像我参加的那次聚会一样。但最终他们的话题都会落到痛失至爱上面。深爱的人离世后我该怎么继续生活？经常给我鼓励和建议的人永远离开了，我应该怎么办？我没有在他们活着时好好对待他们，我很内疚，该怎么办？他们已经化为灰烬了，还是依然在守护着我？我该怎么理解这突如其来的死亡？这些是饭桌上反复出现的话题。

克莉丝汀的母亲于 5 年前逝世，当时的克莉丝汀还在密歇根大学读工程学。她母亲在下班回家的路上被一辆大卡车撞倒，当场死亡。克莉丝汀和母亲感情深厚，经常一起看电影、做晚饭。自从母亲经历了一场严重的车祸，不再开车，克莉丝汀就重排了自己的课程表，方便她每周从安阿伯市出发，开车往返学校，载她母亲上下班。克莉丝汀决定攻读工程学的原因之一，也是为了毕业后能找到好工作，担起奉养母亲的责任。

克莉丝汀学业繁忙，几乎没有社交生活。她的母亲从未在学业上给过她压力，但克莉丝汀常把本该与母亲相处的时间花在学习上。“有一段时间，我一心扑在学业上，抽不出身，所以我打电话跟她说：‘妈，我不能去看你了。我有很多功课要做。’她每次都回答‘没事’。她很体谅我。”

母亲离世那晚，克莉丝汀正在艺术博物馆约会，罕见地从学业中抽身休息。她告诉母亲不能像往常一样去接她下班。她母亲说：“没关系，我可以坐公交车回家。”那天晚上，克莉丝汀的手机响了，是母亲的来电。

“我不喜欢在博物馆打电话，”克莉丝汀说，“所以看到来电显示时，我跟自己说，一会儿打回去就好。”

那晚克莉丝汀再也没有看过手机，直到约会结束。“我看见 10 个未接来电，还有我不认识的电话发来的语音信息，”她说，“这通常都不是好兆头。我打过去，一个医院的工作人员跟我说：‘你妈妈出事了。你马上赶来医院。’我问对方：‘她还好吗？发生什么事了？’她说：‘你必须马上赶过来。叫人开车送你来。’我到现在依旧不能理解，我是执着于弄清事情原委的人，非得梳理清楚来龙去脉不可。但对于这件事，我怎么都想不通。”

“你没必要弄清楚这件事的原因，”劳尔说，“有时候坏事说来就来。我们能做的只有让它过去，学会接受生活时常会失控的事实。人类的痛苦就在于，生活时常会出现失控和无序，而我们希望掌控一切不确定因素。直到有一天，一个不负责任的人撞死了我们的母亲。”

“我的意思是，”克莉丝汀说，“她被一个蠢货害死了。一个不负责任且愚蠢不堪的人。他甚至不知道自己摧毁了一个家庭，他造成的伤害是毁灭性的。凭什么他能安安稳稳地继续生活，而我母亲却死了？刚开始，我陷入无尽的绝望之中，一点儿都想不通。她就这么走了。我不知所措，在怒火中挣扎，但另一方面我又想往前走。”克莉丝汀重重地拍着桌子，说道，“我仇恨人类，但与此同时，我得继续自己的生活。向前走。”

“这就是虚无主义存在的意义。”劳尔说。

在这之前，劳尔说他曾因好友的去世而对人性丧失信心。当时劳尔在阿拉斯加上大学，他和好朋友在费尔班克斯的一个池塘游泳。在冰冷的池水中，两人突然都抽筋了，眼看朋友开始往下沉，劳尔竭尽所能地想把朋友拉起来，但没能成功。他向岸上的人呼救，但没有一个人来帮他们，都以为两个年轻人只是在闹着玩。劳尔快要往下沉的时候，他的朋友在水下推了他一把，让他浮上了水面。最终劳尔意识到，如果不往岸上游自己会被淹死。精疲力竭的劳尔只能用仰泳的姿势向安全区域游去，他看见自己的朋友挣扎着把头浮出水面，却沉了下去，而后挣扎，下沉，挣扎，再下沉，直到最终完全被池水淹没。

等游到岸边时，劳尔几乎神志不清了。他上岸后最先见到的是一个母亲和她的孩子正在玩救生艇。恍惚中，劳尔开口询问，他能否借救生艇一用，因为他的朋友溺水了。但他们不相信他的话。那位母亲说道："如果是这样，你为什么不游过去救他?"事实上派人去救他朋友已经来不及了。三天后，尸体被捞上来。关于朋友的死亡，劳尔无法理解。

"我了解过虚无主义，"克莉丝汀说，"但我觉得没什么用。"

克莉丝汀大学毕业后搬到纽约，不想再继续走工程师这条路。她选择追随一直以来的心愿：成为一名糕点师。"如果我妈妈没有死，我永远都不会做这件事。经历过了死亡，你会思考自己的人生，自己是谁，自己想做什么。我现在的选择中有 95% 都受到她死亡的影响。所以，最终我选择成为糕点师。"

我被此情此景震惊了，看着他们在交谈中时而愤怒，时而悲伤，时而悔恨——震惊于他们每一句话中流露出的痛苦挣扎，以及亲友的死亡对其生活的影响竟如此之深。有的人需要更长的时间才能康复和成长。但每一个人都通过意义的四大支柱来让自己渡过难关。他们正在构建自己的社群；他们试图从失去中找到人生的目标；他们正尝试理解所经历的苦难；他们正通过参加仪式来帮助自己走出熙攘喧嚣的生活，以求内心安宁。

这正是卡拉和列侬创建"晚宴派对"的目的所在：她们希望为那些被悲痛扰乱了生活的人带来意义。"我们想发起一场运动，"列侬说，"让人们活得更坚强，而不是被失去至亲至爱的痛苦打败和毁灭。”

我们可以从逆境中成长，从而获得坚实而有意义的人生。这一观点在古代文学、宗教和哲学中早已存在。如尼采所言：“杀不死我的会令我变得更强大。”但在主流心理学领域，这是种新颖的观点。直到现在，许多心理学家依然认为创伤主要是一种毁灭性刺激。他们认为，创伤的主要特点之一是它可以从心理和肉体上毁灭一个人，有时甚至会剥夺人的行为能力。1980 年，美国精神病学会把创伤后应激障碍纳入《心理障碍诊断与统计手册》之中。自此，创伤后应激障碍受到心理学家、媒体和大众各方的关注，希望能了解人在经历创伤后会有什么变化。

鲍勃·柯里来自威斯康星州密尔沃基，是参加过越南战争的老兵，也是心理学家关注的一名创伤后应激障碍患者。柯里从小生活在蓝领阶层社区，他说，那里的人经常吃苹果馅饼，喜欢看约翰·韦恩的电影。小时候，他将约翰·F. 肯尼迪总统的就职演讲熟记于心：“不要问你们的国家能为你们做些什么，而要问你们能为国家做些什么。”柯里说：“国家对你的要求，必须服从。”

在他少年时期，反越南战争的浪潮达到顶峰。即便如此，柯里依旧拥有为国家服兵役的强烈使命感。因此他高中一毕业就立马参军了。“我以为自己在做正确的事情，在做人生中必须做的事，那是我人生中最恐怖的时期。被要求的事情，我必须去做。我想我所做之事是为了拯救更多人或帮助拯救更多人。”

战争期间，柯里在越南北部和老挝执行空中侦察任务。那是段极其悲惨的经历，他说。他的飞机常被敌军攻击，好几次差点丧命。战争的阴影一直笼罩着他，无数战友死去，自己却幸存于世的愧疚之情也一直徘徊不去。1971 年，柯里回到家乡时已完全变了一个人。他努力尝试放松自己，希望过上相对正常的生活。刚开始，他成功做到了。他组建了家庭，置办了房产，进入 IBM 公司工作。虽然偶尔出现幻觉，但大多数时候他都能掩盖好那些愧疚和恐惧的情绪。

1991 年海湾战争爆发之后，柯里对自己人生脆弱的掌控力开始消退。电视和报纸上铺天盖地的报道让他无法逃避接收战争的信息。那些图像把他重新带回越南战争的梦魇。从那时起，柯里的幻觉日益加重，晚上开始做噩梦，梦见自己的战机被击落。睡梦中，他双手猛敲床头板，好像正在飞机上，伸手去拉头顶的跳伞操纵杆。这些举动吓到了他的妻子。他开始酗酒，但酒精并不能缓解他的病情。“9·11”事件后，全美上下再次拉响战争警报，他的幻觉和酗酒也随之加重。

2002 年的一天，柯里正在密尔沃基附近的药店排队给妻子买药，他在翻阅杂志时突然看见一条令人震惊的消息：在老挝发现了两具尸体，是两名曾在执行任务时失踪的军官，而这两名军官正是他的老战友。得知旧识去世的消息后，他又开始酗酒，当天开车上路时发生了事故。等他醒来时已躺在医院里，床边站着两名警察。他们告诉柯里，他肇事撞死了人。

这次事故发生后，柯里被指控犯了杀人罪，又在诊断出患有创伤后应激障碍后被判无罪，转而送进州立精神病院。住院期间他开始反思自己给家人所造成的伤害：在审判期间，他和妻子的房子被没收，女儿因经济困难从大学辍学。柯里一度想过自杀，毕竟他不仅毁了自己的家庭，还毁了受害者的家庭。“我应该被关进监狱，”审判结束后他心里这样想，“我应该被判死刑。我应该杀死自己。”但法庭给了他第二次机会。“给他人造成了如此多的伤害后，我应该怎么继续生活？”柯里对此不知所措。

他回想起受审期间的一次经历。他在匿名戒酒互助会时，他的协助者也是越南战争的退役战友，曾带他到美国海外退伍军人协会的一家分会吃午饭。柯里很意外，那次经历给他带来了一种宣泄感。他们吃着汉堡，喝着可乐，周围的纪念品唤起了他对战争的回忆，但并没有引起消极的幻觉，相反，令他想起了当初参军的初衷：为自己深爱的国家效力。

这里的人与他有相同的战争经历和类似的战后创伤，令他感到安心。他们也不会评判他。参与遭众人唾弃的越南战争后的 30 年里，柯里承受了巨大的压力。1971 年回到美国时，抗议者在机场一边朝他和战友扔鸡蛋，一边骂他们“婴儿杀手”。后来，柯里觉得自己像是这个国家的局外人，这种感觉加重了他内心的愧疚和压力，进而激发了他的创伤后应激障碍症状。

来到美国海外退伍军人协会后，他发现这里的同伴们能够理解他。“发现有人与你遭受相同的困扰，会使你变得比较平和。”他说。因此，柯里开始思考如何与他的战友们重新创造亲密的联系。尽管他知道现在有很多退伍军人组织，但那些组织大多是为年纪稍长的老兵而设，日常的社交活动也是喝酒居多——这对于柯里这类患有创伤后应激障碍或滥用药物的退伍军人来说十分危险。柯里希望建立现代化的、滴酒不沾的老兵组织。

2008 年，柯里和朋友创立了非营利性组织“Dryhootch”，以咖啡厅的形式为退伍老兵提供社交场所。咖啡厅由一群退伍军人经营，提供现场音乐演奏、读书会、艺术班和为老兵及其家人开设的心理辅导课程。每周三早上举办象棋俱乐部活动；每周五午饭前一群老兵聚在一起进行冥想。该社区同样欢迎非退伍军人加入，他们的参与能帮助老兵们重返平民生活。“我们不想以酒吧的形式经营这个组织，咖啡厅是一种更合适的社交场所，有需要的人每天都可以和朋友来坐一坐。”柯里说，“好咖啡和好同伴，这就是我想提供的东西。”

起初，柯里没有钱开咖啡厅，只能把一辆老旧的红色爆米花车改装成移动咖啡馆。2009 年，他在密尔沃基开设了他的第一家实体咖啡厅。2012 年，白宫授予柯里“变革先锋”称号，感谢他为退伍军人所做的奉献。2014 年，“Dryhootch”拓展到美国中西部，在密尔沃基拥有两家店面，在麦迪逊开了一家分店，在芝加哥有两家分店。

因酒精而酿成的事故发生后，柯里不断探索自己能为社会做贡献的途径。“奉献是我唯一能想到的补偿方式，我不能回到过去，但我可以让世界有所不同，这就是我人生的前进动力。当一个老兵告诉我‘Dryhootch’改善了他的生活时，那一刻我觉得一切都是值得的。”

经历创伤的人希望自己能够帮助那些拥有同样经历的人。在某些情况下，心理学家和精神学家把这种驱动力称为“幸存者使命”。据精神学家罗伯特·杰伊·利夫顿所言，幸存者就是“曾无限接近死亡或见证他人死亡，最后却存活下来的人”，他们会“对死者心存愧疚，需要通过抚慰亡灵或达成死者的愿望，来证明自己存活下来的意义”。

如今，非致命创伤受害者也可纳入“幸存者”这一范畴，他们的使命通常是确保他人不再重蹈他们的覆辙。例如，性侵幸存者最终成了治疗师；大规模枪击案的幸存者为严格的枪支管制法律四处奔走游说；孩子因白血病去世的父母投身于癌症研究和预防的公益活动等。这些行动背后的意义帮助幸存者处理他们的创伤问题。经历过创伤的人在帮助他人后，能够减少自身抑郁、焦虑、愤怒的情绪，变得更加积极、乐观和具备意义感。

就柯里而言，他希望帮助年轻的退伍军人避免像他一样因酗酒而酿成大祸。“我不能回到过去改变已发生的悲剧，”他说，“但我可以让现在的退伍军人避免重蹈我的覆辙。”柯里在实现自己目标的过程中不仅服务了新一代的退伍军人，也惠及了他自己。他重返生活正轨的过程中离不开他的使命感。自 2002 年后，柯里完全清醒了。

大多数人都曾听说过创伤后应激障碍如何毁掉一个人的生活，但几乎没人了解“创伤后成长”——这个过程帮助柯里走出绝望，重整生活，成为退伍军人社群的领导者。从柯里的故事可知，创伤后应激障碍和创伤后成长这两种状态并不互斥；经历了其中一种的人也可能经历另外一种。大多数人在经历创伤后，即使没有发展成精神障碍，也会出现障碍症状，譬如做噩梦或出现幻觉。但研究者发现，一半到三分之二的创伤幸存者都会出现创伤后成长，只有一小部分人被创伤后应激障碍折磨。

理查德·特德斯奇和劳伦斯·卡尔霍恩是北卡罗来纳州大学研究创伤后成长的著名学者，他们把创伤后成长定义为“经历过严重生命危机后的积极改变”。20 世纪 90 年代中期，特德斯奇和卡尔霍恩研究了人类智慧的发展过程后，创造了“创伤后成长”这一术语。他们采访经历过苦难的人，希望从对话中发现人们如何让自己变得更有智慧和深度。他们表示，可能是逆境中的收获让受访者以全新的方式看待世界。通过和多位创伤幸存者详谈，特德斯奇和卡尔霍恩发现苦难可以从根本上以积极的方式改变一个人——这些转变的意义比他们预期的更加深远，这些转变的存在也比他们预期的更加普遍。

特德斯奇说：“我们追踪研究居丧的父母已达 10 年，他们经历了常人难以想象的丧子之痛。我观察他们是如何彼此帮助，如何对其他居丧父母报以怜悯之心，多么渴望能改变导致孩子死亡的环境，使其他父母免遭他们所经历的丧子之痛。他们是一群非凡且脚踏实地的人，清楚地知道自己人生的优先要务。”

研究了大量幸存者后，特德斯奇和卡尔霍恩归纳了人们经历创伤后获得成长的五种特定方式。

首先，他们的人际关系得到巩固。例如，一个被诊断出患有乳腺癌的女人曾说，她意识到人际关系对她来说是“人生中至关重要的东西”。许多人通过强化这一意义支柱来应对创伤。我们在讨论“归属”的章节中曾提到，詹姆斯被自杀念头困扰多年后，在复古俱乐部得到了帮助。居丧父母告诉特德斯奇和卡尔霍恩，失去孩子令他们变得更加悲天悯人：“我对每一个感到痛苦和悲伤的人都报以同情。”

其次，他们开辟了新的人生轨迹和目标。有时候，这些人生轨迹和目标与特定的幸存使命相关联。特德斯奇和卡尔霍恩曾听过一个故事，一个女人因孩子患癌离世而成为一名肿瘤科护士。有时候，人生危机也会让我们重新思考人生的优先级，就如克莉丝汀在她母亲去世后重新规划了她的职业生涯。

第三，创伤让他们获得内在力量。特德斯奇和卡尔霍恩的研究中最常见的是“脆弱而坚强”的故事。一个性侵幸存者的态度恰好体现了这个矛盾的观点：现在的世界对她而言比以前更加危险，但同时她也感到自己变得更为坚韧，这得益于她遭遇侵犯后获得的内在力量。

第四，他们的精神世界变得更具深度。他们倾向于探索更广泛的存在性问题，希望对世界和自身有更深入和真实的了解，就如埃梅卡·南卡脊椎受伤后的所作所为。

第五，他们重新对生活报以感激。不再把陌生人的友好视作理所当然，不再对秋叶的绚丽习以为常，他们开始欣赏细微的美好瞬间。接受了最终诊断结果后的贾宁·德莱尼时常感到与大自然存在天然感应，这种感觉使她把注意力转移到真正有意义的事物上。“我现在认为一些琐事真的很微不足道，”一名空难幸存者说，“它让我意识到应该把精力投入到正确的事情当中，而非投机取巧。”

特德斯奇和卡尔霍恩把危机过后带来的成长比喻成“地震”。就像一座城市，地震之前拥有一套架构，我们也拥有自己的人生观和价值观。创伤粉碎了这些信念，但狼藉的瓦砾之中蕴藏着重建的机会。地震过后，政府致力于重建更坚实、抗震能力更强的建筑和基础设施；而那些能够在经历创伤后重建心灵家园的人也会具备更强的抵抗力，去应对未来的挫折，最终获得有意义的人生。

特德斯奇和卡尔霍恩想知道为什么有些人在创伤后获得成长，而有些人却做不到。他们发现，创伤性质和程度的影响力比我们以为的要小。另一项创伤后成长研究表明：实际的创伤并不能带来改变，驱使我们成长的是我们对事件的解读，对自身、生活和世界的理解，而非创伤本身。特德斯奇和卡尔霍恩在深入研究数据后发现，这两类人群的区别在于是否会刻意反思或“内省”。特德斯奇和卡尔霍恩的研究对象花了很多时间探索痛苦经历带来的意义，思索这些经历给他们带来的改变。通过刻意反思，他们获得创伤后成长，生活随之发生改变。

写作是启动和推进刻意反思过程的途径之一。得克萨斯大学的社会心理学家詹姆斯·潘尼贝克研究了人们如何通过语言理解自己的经历。自 20 世纪 80 年代起，他开始进行创伤研究。得益于此前的研究积累，他知道经历过创伤的人比普通人更容易抑郁和情绪反复，更易死于心脏疾病和癌症。但他不清楚为何创伤会对健康造成这些负面影响。

一天，他在研究数据时发现了一种有趣的关联现象：儿童时期遭受过创伤但并未向人吐露该秘密的人，更容易患有以上的健康问题。这就引发一个疑问：如果鼓励这些人匿名倾诉他们的秘密，是否会改善其健康状况？

过去的30年里，潘尼贝克一直努力尝试解开这个谜题。为此，他连续三四天，邀请研究对象到实验室花15分钟写下他们人生中最出乎意料的事情。他鼓励研究对象“真正放下那些经历，探索内心深处最隐秘的情感和思绪”，并思考那些经历对自身的影响。他的研究对象中有强奸或抢劫的受害者，有人失去至爱，有人企图自杀。潘尼贝克告诉我，研究对象泪流满面地离开实验室是常有的事。

潘尼贝克发现，写下自己对创伤的理解和感受的研究对象，降低了看医生的频率。此外，他们在实验结束后精神状态有所好转，焦虑和抑郁的症状有所缓解，血压和心率也有所下降，免疫力功能有所增强。换言之，表达性写作可以作为一种治疗手段。但通过写作记录下创伤经历，为什么会拥有如此强大的力量？

仔细分析研究对象的叙事后，潘尼贝克发现表达性写作不仅仅让研究对象回忆起创伤经历或通过这种方式宣泄了情绪，更准确地说，他们在写作时积极探究创伤经历带给他们的意义——探寻意义的过程帮助他们克服了心理的创伤。

写作练习在几个方面帮助潘尼贝克的研究对象重塑意义。

首先，研究对象通过梳理创伤经历的前因后果，从而获得智慧。他们在叙事中更常使用某些被潘尼贝克称为“洞察性词汇”的单词和短语，譬如“意识到”“我知道”“因为”“摆脱”“理解”。一个父亲可能“意识到”儿子的自杀并非自己的错——这种意识在一定程度上可以为他带来宽慰。

其次，潘尼贝克通过分析他们使用的代名词，发现在这三四天中，他们看待问题的角度发生了改变。他们开始写“为什么他要虐待我”或者“为什么她要和我离婚”，而不再问“我发生了什么”或“我正在经历什么”。换而言之，他们的情绪波动不再以自己为出发点，而是开始尝试从他人的角度去看待事情。潘尼贝克认为，能够从他人视角看待创伤，意味着受害者已拉开了自己和创伤的距离，这让他明白了创伤如何塑造他和他的人生。

第三，他们开始在创伤中找到积极意义。潘尼贝克举了个例子：“假如我在小巷中被抢劫了，抢劫犯用卸胎棒打伤了我，然后把我身上所有的钱都拿走。这让我从此对世界产生怀疑。我可以写，‘那是一次恐怖的经历，我不知道如何是好’。这种情况下我是在谈论事件本身，以及可能由此引发的意义的思考：‘现在我明白了世界是个危险的地方，我必须多加小心。’或者我会说，‘那次经历让我受到很大冲击，但同样让我意识到自己当初有多幸运。庆幸的是，我有好朋友陪在身边，帮我渡过难关’。”潘尼贝克说，第二种解读会改善他们的健康状况。其他研究表明，能在创伤中发现收获的人抑郁情绪更少，健康状况更好，即便他们依旧被不幸的经历困扰。

维克多·法兰克是纳粹大屠杀的幸存者，也是一名心理学家，他讲述了自己安抚一名年长医生的故事。医生的妻子于两年前逝世，他深爱着他的妻子，妻子的离世使他陷入重度忧郁，久久不能自拔。法兰克问医生：“如果你先去世，你的妻子会活得比你长吗？她会过得怎么样呢？”医生回答：“不，这对她来说太可怕了，她会遭受多大的痛苦啊！”随后，法兰克指出这种结果的好处：“你看，你的妻子免遭相思之苦，是你让她免受这种煎熬。当然，代价是你对她的思念和哀悼。”听完法兰克的话，医生站了起来，握了握法兰克的手，离开了咨询室。法兰克帮助医生从妻子的离世中找到了积极意义，使其获得了内心安宁。

在潘尼贝克的研究中，受益最深的研究对象，是那些随着时光流逝，对于意义的见解越发深刻的人。起初，他们对创伤的情绪反应从未进行过梳理，口中的故事也支离破碎，但随着一天天过去，他们的叙事会越来越平稳，也越发有见地。情绪的宣泄和重归于静不能改善我们的健康，但长期且有深度的写作可以。它让我们跳过了初始的情感反应，进入更深层的境界。

实际上，潘尼贝克发现表达性写作具有特殊的治疗作用——研究对象通过舞蹈表达创伤经历的感受，不如通过写作表达效果好。潘尼贝克认为，写作不同于其他表达形式，它可以让人们对事件进行系统性处理，使之井然有序。他们通过写作获得新见解，并最终明白那些人生危机是如何匹配、嵌入了他们的人生拼图。叙事是从创伤中挖掘意义，进而克服创伤的有效途径。但如今越来越多关于人类复原力的研究提出了更多的方法。

研究复原力的学者十分好奇，为什么一些人的抗逆力比另一些人要强？为什么一些人在经历不幸后仍然可以正常生活，而另一些人却就此被打败？20 世纪 90 年代初，心理学家吉娜·希金斯尝试解答这个问题。在《坚韧的成年人》（*Resilient Adults*）一书中，希金斯把一些个体的经历结集成册，书中的主人公都在经历过严重创伤后最终升华并完善了自我。

希文就是其中一员。希文成长于极度贫困的家庭，父母关系非常恶劣。虽然她的父亲深爱着孩子们，但对她而言父亲只剩下遥远而模糊的印象。在希文 7 岁那年，她的父亲因遭受精神病的折磨而企图自杀。母亲更为恐怖。她体形庞大，声如洪钟，经常打骂希文和其他三个孩子，到了晚上还把他们绑在床上。她曾两次把孩子们送到孤儿院，虽然后来还是把他们接回了家。到了希文 9 岁的时候，母亲对她的虐待变本加厉，甚至放任自己的男朋友多次强奸希文。而那个男人威胁她，如果敢声张出去，就杀了她父亲。

希文用“混乱”来形容自己的童年，她回忆道：“凄厉的尖叫和嘶喊充斥着整间屋子。”在她的记忆中，母亲没有给过她一丁点爱和关心，只会不断冲她叫嚷“愚蠢”“堕落”。母亲好几次跟她说，怀孕时曾想过把她打掉——她嫁给希文父亲唯一的理由就是怀了希文。“我感觉她就像在用另一种方式表达她有多厌恶我，”谈到她母亲在她被性虐的经历中的角色时，希文这样说，“她就是通过这种方式告诉我，我就是一堆渣滓，一只被当作牺牲品的羔羊。”

毫无疑问，这种创伤带来了毁灭性的后遗症。童年创伤是最难克服的困境之一，它会对受害者的心理和身体造成不可磨灭的伤痕。在儿童承受巨大且意外的压力后，其大脑和身体在日后面对其他应激源时会变得高度敏感，也更易生病。童年创伤导致受害者成年后患心脏疾病、肥胖症和癌症的风险更高。此外，儿时经历过创伤的成年人更容易酗酒和滥用药物，遭受抑郁症的困扰，导致学习障碍，出现暴力犯罪等情况。

这正是希文的非凡之处。尽管她成年后长久遭受抑郁和焦虑情绪的困扰，但最终她克服了逆境。她的人生没有被童年的永久性创伤摧毁。后来，希文成了一名儿科护士，在新生儿重症监护病房工作。21 岁时嫁给了她深爱之人，生了 3 个儿子。现在她拥有一个幸福的家庭。

对复原力的系统性研究始于 20 世纪 70 年代。起初，心理学家和精神病学家想要了解精神疾病的病源。由于儿童时期的逆境是导致心理障碍的因素之一，所以他们开始大量研究经历过贫困或来自困难家庭的孩子。研究者们在追踪研究这些弱势儿童时意外发现：在大多数儿童内心常处于挣扎或崩溃状态的情况下，有一小部分人并没有遭受明显的精神问题的困扰。这一小部分人的情绪状况稳定，人际关系融洽，学业表现优异。是什么因素导致这两类群体的差异呢？

多年以来，研究者通过对经历逆境、压力和创伤却依旧拥有正常、充实生活的儿童和成年人进行深入研究，终于解答了这个问题。耶鲁大学医学院的史蒂芬·索斯维克和纽约西奈山医学院的丹尼斯·查尼是复原力研究领域的专家，他们对经历过创伤的群体（如被绑架、被强奸、被俘虏过的人）进行了30年的研究。“他们被折磨，但没有被摧毁。”索斯维克和查尼这样评价。这些坚韧的人不仅复原如初，还得到了成长。两位精神病学家提到他们研究对象中的战俘：“实际上，大多数人因战俘的经历而对生活致以崇高赞美，与家人相处更为亲密，并找到了新的人生意义和目标。”通过访问大量这类人群，索斯维克和查尼发现复原力强的人具备十种特征。

其中排第一位的就是使命感，研究者将其定义为“人生中拥有值得为之努力的目标或任务”。第二个特征也与目标相关，拥有利他主义或无私助人的道德观。这两个主题都贯穿希文的故事。母亲把10岁的希文和其他兄弟姐妹送到孤儿院时，她帮那里的修女照顾被抛弃的婴儿。这种行为令她把人生目标设定得更加宏大，同时也治愈了她的心灵。她说：“我常想，我以后要成为像孤儿院里的修女一样的人，我会这样照顾孩子：令困境中的他们得以改善生活。那是我人生中的首要使命。”对未来的思考和规划让她可以憧憬将要到来的美好生活。她意识到自己可以心怀爱和温情来帮助他人，而不是像她母亲那般满身戾气。“我能做的不多，”她想，“但我可以贡献自己的一份力量。”

除了使命感和道德观，还有一项复原力指标就是社会支持。特别是对儿童来说，与成年人或监护人培育健康的关系，可以帮助其有效抵抗逆境带来的消极影响。虽然希文遭到母亲的否定和厌恶，但她接收了来自父亲和姑妈的疼爱。她说，她尤其重视与姑妈的关系，即使她们不常见面。在希文印象中，姑妈“总是”来孤儿院探望她和弟弟妹妹，并带他们出去吃饭。他们被母亲接回家后，她还给他们送去食物和衣服。希文去姑妈家做客时，感到格外安心和备受重视。“她让我感到自己很重要。”希文说。姑妈给予的爱和关怀是带希文闯出难关，并最终克服阴影的力量。

研究表明，一些人天生比其他人具备更强的复原力；现代科学家知道复原能力在一定程度上取决于我们的基因组成和早期经历。但幸运的是，复原力并非完全固定不变。查尼曾经指出，虽然有的人天生抗压力较低，但我们可以打造一套心理技巧帮助我们处理压力事件，学习有效的抗压方式。

事实上，瓦萨学院的米歇尔·图格德和北卡罗来纳大学的芭芭拉·弗雷德里克森于 2004 年发表的研究表明，复原力可以通过学习获得。图格德和弗雷德里克森邀请研究对象进入实验室，记录了他们的心率和血压基线，以及其他生理指标。接着，他们给每个研究对象分配了一项压力任务，要求他们在 3 分钟内准备一个演讲，主题是谈一谈“我为什么是一个称职的朋友”。他们被告知演讲将被录音和评分。

虽然实验中的研究对象面临的压力远远小于我们文中提到的各种压力处境，但由他们飙升的心率和血压可知，他们依旧会感到焦虑。然而，实验中一些研究对象的指标比其他人更迅速地恢复到基线水平。研究者通过衡量研究对象的生理指标恢复速率，记录下哪些人表现出的复原力。而后，图格德和弗雷德里克森研究了复原力较强的人和复原力较弱的人是如何进行这项任务的。

研究者发现，天生拥有较强复原力的人对待演讲任务的心态有所不同：他们没有将任务视为威胁，而是当作挑战。

基于以上发现，研究者进行了另一项实验，探索复原力是否能人为提升。研究者邀请一批新研究对象进入实验室，重复上一个实验的步骤。图格德和弗雷德里克森在上一个实验基础上加设了一个环节，他们要求一部分人将任务视为威胁，要求另一部分人将任务视为挑战。

实验结果对复原力强和复原力弱的人来说都是好消息。无论将任务视为威胁还是挑战，天生复原力较强的人都可以迅速恢复正常。但对于复原力较弱的人，把任务当作挑战可以消除他们生理指标的先天落差：被要求把任务视为机遇而非威胁的人，在心血管指标表现上开始与复原力较强的人趋同，有能力迅速恢复正常。

研究者很难在实验室条件下进行真实的逆境研究，但长期追踪研究对象人生中的各个压力阶段，可以了解他们如何处理长期应激源。斯坦福大学的格雷戈里·沃尔顿和杰弗瑞·科恩于 2011 年发表的研究正是通过这种方式进行的：沃尔顿和科恩对一群大学生进行了 3 年的追踪研究，观察他们在从高中读书阶段过渡到成人阶段期间如何处理困难。研究结果表明，意义的支柱能帮助人们有效应对逆境。

刚入学的大学新生仿佛被扔进了新世界，容易失去方向。他们必须弄清自己想要学习哪些课程，想要加入哪个社团，还要重新结识一批新朋友。沃尔顿和科恩指出，非洲裔美国学生对该过渡期尤难适应。虽然所有学生都担心自己在新校园的适应情况，但黑人学生经常感到被孤立。由于少数群体的身份和种族歧视的存在，黑人学生可能会担忧“像我这样的人”是否属于这里。研究者指出，他们对归属感的需求受到了威胁，因而影响了他们对自身经历的看法。他们拿到不好的成绩或接收到负面反馈时，可能会认为是自己出现了问题，而不会认为这是大学生涯里的正常现象。

研究者邀请一群黑人新生和一群白人新生进入实验室，安排他们阅读几个故事。这些故事是由高年级的学生编写，目的是保护研究对象的归属感。逆境在大学新生生活的适应过程中普遍可见，但只是暂时存在。研究对象在故事中可知，遭遇挫折或缺乏归属感是从高中过渡到大学阶段的必经过程，并不代表我们自身出现了问题，或我们因种族背景而不被重视。这些故事是为了改变新生们对自己大学生活的看法。

3 年后，这些研究对象已经快到大学生涯的尾声了。研究者发现当年的故事对学生的干预有着深远的影响，但仅限于非洲裔学生。过去 3 年里，读过故事的非洲裔学生绩点稳步上升，而对照组的非洲裔学生绩点水平并无显著变化。实验组的非洲裔学生在学业上有飞跃性的进步，大大缩小了少数族裔的学习成绩差距。成绩排全班前 25 名的非洲裔学生是大一时期的三倍。同时，这些学生的健康状况得到改善，幸福感得到提升，并表示自己看医生的频率有所下降。阅读有关归属感的故事有效地帮助他们适应了大学生活。对照组的学生在经历了挫折后，对自己的归属感产生怀疑；而实验组的学生在经历类似压力时，归属感并没有受到威胁，还帮助他们成功通过了考验。

沃尔顿和科恩没有在白人学生身上看到这种效果。实际上，对照组和实验组的白人学生的绩点在大一到大三期间都有提升，阅读关于归属感的故事并未对其身体和心理健康带来显著影响。作为校园里的多数族群，白人学生的压力并非源自归属感，因此不需要通过干预手段来帮助他们重新定义面对的困境。而非洲裔学生则需要这样的协助，一旦能够客观看待自己的大学过渡期，他们往后的生活就会得以改善。沃尔顿指出，这种干预手段并不能彻底解决不平等现象，因为这些手段并不能为其创造机遇。但这项研究向我们揭示了心态的转变可以为传统的边缘群体所带来的改善。

意义的支柱可帮助人们从虐待、监禁和种族歧视的创伤中康复。但所谓逆境不只是上述那些严酷的困难，日常生活中充满了大大小小的压力，譬如搬到一座新城市，求职，或完成艰巨的工作和学习任务。与创伤的案例相同，面对这些日常压力源，有些人拥有较强的复原力；同时，意义在其中也起了重要作用。

在 2014 年发表的研究中，以密歇根大学詹姆斯·阿贝尔森为首的研究者想要了解“意义思维”在充满压力的求职面试中如何影响个人的表现。实验中，研究者给每个研究对象 3 分钟的时间，准备一段 5 分钟的演讲，随后他们需要对选拔委员会陈述“为什么我是该职位的最佳人选”。在模拟面试之前，研究者告诉一些研究对象，在面试中应该把重点放在“这份工作如何使他们有机会帮助他人，实践自我超越的价值观”，而不是急于推销自己。事实证明，这种对意义的改造抑制了他们身体对压力的生理反应。

采取意义思维的好处，不仅催化了实验室研究出来的短暂结论——它们在真实世界中存在深远影响。得克萨斯大学的大卫·耶格尔和马龙·亨德森的研究表明，声称学业能给自己带来使命感的高中生，数月后在数学和科学上取得了较好的成绩。在同一系列的研究中，使命感强的大学生对待乏味的数学问题更有耐心，即使实验允许他们随时玩游戏。耶格尔和亨德森发现，这些实验结论成立的原因是学生们形成了“学习的使命感”。牢记意义根源的学生可以把高难度课程（在阿贝尔森的研究中，是指有压力的工作面试）视为完成人生使命或实践自身价值观的必经之路。

牢记意义可以保护我们免受压力的伤害。斯坦福大学的凯利·麦格尼格尔教授进行了大量研究后总结道：“压力提高了健康受损的风险，除非人们在自己的社群之中定期释放压力；压力提高了死亡的风险，除非人们拥有人生使命感；压力也提高了抑郁的风险，除非人们能从挫折中看到积极意义。”

在关于悲痛的经典著作《当好人遭难时》一书中，作者哈罗德·库什纳捕捉到了在逆境中寻找意义的复杂本质。哈罗德·库什纳提及自己在小儿子去世后获得的成长：“若非亚伦的生与死，我不会变成一个敏感的人、一个实际的牧师、一个富有同情心的心理顾问。如果我儿子能回来，我会毫不犹豫地舍弃这些收获。如果能选择的话，我会抛弃这些因不幸而获得的精神成长和精神深度，我甘愿像 15 年前那样，只当一名普通的拉比，一个不近人情的心理顾问，有能力帮助一些人，但对另一些人无能为力；同时做一个阳光快乐的小男孩的父亲。但我没法选择。”

我们每个人都不希望经历苦难。这也是学习在逆境中生存为何如此重要的原因。有人依靠意义的支柱成功渡过难关并获得成长，这些支柱也会在他们往后的日子里日益坚固。

有人则在意义的道路上走得更远。在领略了归属、目标、叙事和超越在生活中所发挥的强大影响力之后，他们把这些意义之源引入他们的学校、职场和社群——他们希望最终能为整个社会带来改变。我们现在正从这些意义文化中汲取力量。

第七章

意义的文化

西雅图的圣马可大教堂有时也被称为“圣盒”，其内部装饰朴实而单调。曾经雪白的墙面经过脱漆和修补，变得又脏又黑，有些吊灯的灯泡也坏掉了，室内还弥漫着一股霉味。这里没有《圣经》里描述的教堂那彩绘玻璃的神圣光影，圣坛上也没有巴洛克风格的十字架。10 月的一个周日早上，我到这个圣公会教堂做礼拜，那天恰巧是纪念圣方济各的斋日。圣方济各是中世纪一位热爱自然的修道士，所以在他的纪念会上，教堂鼓励信众带上他们的宠物。狗狗们或坐在长椅上，或在教堂后面跑来跑去——每过几分钟就能听到一连串焦躁不安的刺耳犬吠。

但是夜幕降临后，这所教堂又成为平和宁静的圣殿。我进入教堂坐下，四下一片寂静，除了几盏昏暗的灯和圣坛上摇曳的烛光外，再无一丝光亮。教堂中间的长椅上挤坐着一位牵着导盲犬的妇人，一位腰间系着绳子的修道士和几对带着孩子的父母。除此之外，人们有的坐在墙边摆放的长椅上，有些或坐或躺在地上，还有些人舒服地靠在讲道坛周围。我们都是来在静默中进行古老的宗教祈祷仪式——晚祷（Compline）的。

“晚祷”一词来自拉丁语 completorium（意为“完成”），起源于公元 4 世纪左右，由就寝前的赞美诗、祷告和圣歌组成，为修道士们每天的祷告流程画上句号。晚祷是祈求上帝保护他们免遭夜晚未知和不可见的恐惧，同时也祈求上帝让他们平静面对死亡。

在修道院以外较少听到晚祷，所以圣马可大教堂和其他寥寥几所定期提供晚祷的教堂才会显得那么独特。1956 年，圣马可大教堂第一次提供晚祷，也是美国第一次对公众开放晚祷。最初的几年只有少数人参加，但是到了 20 世纪 60 年代，消息已经传开，成百上千渴望“亲身感受神性体验”的嬉皮士在周日晚上来到圣马可大教堂。就像做弥撒一样，晚祷也有固定的流程，只不过没有牧师布道，只有唱诗班的圣歌飘扬在教堂。

在“爱之夏”① 运动过去将近 50 年后，这种反主流文化的精神依然活跃在圣马可大教堂。圣坛旁的几个集会者染着五颜六色的头发，还有人身上有文身和穿刺。许多人都很年轻——在西雅图这样一座城市的周日晚上，他们比你认为会出现在圣公会教堂里的人要年轻得多。他们带着靠垫和毯子（甚至睡袋）随意躺在地上，直直地盯着木质天花板等待仪式的开始。一个山羊胡男人

① 指 1967 年夏天，多达 10 万嬉皮士聚集在旧金山海特-艾什伯里地区，寻求和平、平权的活动，又称“嬉皮之夏”。——编者注

像参禅一样盘腿坐着，下巴抵着胸膛冥想。一个大学生模样的女生抱着膝盖倚靠在教堂里一根巨大的白色立柱上沉思，目光直直地盯着前方。

一个由男性组成的唱诗班避开这些集会者，隐于教堂后面的角落里。一个声音突然打破了沉默：“全能的神赐予我们静谧的夜晚和完美的尾声。”之后唱诗班开始吟唱神秘的圣歌。

晚祷结束后，沉默仍然久久萦绕在教堂之中。有些听众陆续安静地离开了，而其他人还逗留在原来的位置。圣坛旁的一对男女站起来拥抱，然后各自收拾毯子准备离开。教堂外三五成群地聚集着刚走出教堂的听众，压低了声音悄悄交谈。晚祷只有 30 分钟，但结束之后，大家看起来都大不相同了，变得更加沉静、温和而友善。

许多如今来拜访圣马可大教堂的人，和 20 世纪 60 年代那些来参加晚祷的人一样，也是反政府主义者。参加晚祷的人中确实有基督徒，但是很多人都是不可知论者和无神论者，甚至还有人对宗教组织抱有明显的敌意。这样的反差让晚祷更加不凡。每个周日的晚上在圣马可大教堂的围墙内，有一种精神力量对信众和非信众带来同样强大的吸引。

“晚祷让我的思想超脱了。”艾玛站在教堂外面的台阶上平静地说道。她是一个 20 岁的大学生，却已经参加过几年的晚祷了。“我出生于犹太人家庭，所以我对这个活动没什么情感共鸣，但是晚祷的音乐有一种力量，可以带你进入神圣的境界。就像经历了一场心灵的洗礼，晚祷可以洗掉你很多细小的烦恼。感受更为宏大的存在，会让你认识到那些小问题是多么微不足道。”

艾玛是和两位朋友迪伦、杰克一起来的。迪伦今年25岁，是一名梳着马尾辫的自由职业者，像艾玛一样，他也被晚祷的音乐感动。“现在的音乐不像以前那样是一种共同聆听的东西了，人们都各自戴着耳机。但是在这里，你可以跟其他人一起聆听同样的音乐，唱诗班的声音在每一处引发共鸣……”

“就像整个教堂都在唱歌。”杰克接话道。

“是的，他们的声音听起来也比正常人声音量大，”迪伦补充说，“这让我知道音乐超越了个人。”

“音乐让你感到自我的渺小，”杰克说，“感到宁静。”

在圣马可大教堂发生的一切都是独一无二的。现代社会使人们渐渐疏离了神秘和超然的意义来源。正如研究敬畏感的学者保罗·皮弗和达彻尔·凯尔特纳所写：“成年人花费在工作和通勤上的时间越来越多，身处户外和与人交流的时间越来越少。露营、野餐和观赏星空让步于深夜和周末仍在进行的高强度工作。参加艺术活动（现场音乐表演、戏剧、博物馆展览和画展）的人数每年都在减少。”即使当我们真的在教堂、博物馆或森林中寻找神秘感，体会超然体验往往还需要专注力、精神集中和沉静，而这些品质在我们这个令人分心的时代很难培养出来。这在2007年某个周五进行的一场实验中得到证实。那天小提琴大师约书亚·贝尔在华盛顿地铁站的人流高峰期演奏几首最高难度、最华丽的古典音乐曲目，比如舒伯特的《圣母颂》和巴赫的《恰空舞曲》。《华盛顿邮报》的记者说服他进行这次演奏，想要知道人们是否会在上班途中耽搁一些时间来欣赏美妙的音乐。结果显而易见，大多数生活忙碌的通勤者不会停下来聆听。那天早上匆匆经过贝尔身边的人至少上千，只有7个人停下来欣赏他的演奏。

晚祷吸引了渴望躲避日常生活噪声的人们。他们聚集成一个群体，沉浸在音乐、静默和神圣中寻找意义。晚祷唱诗班的指挥杰森·安德森说，晚祷让你感到“与更崇高的终极意义联系在一起——不论你这个终极意义是什么”。

本书目前为止主要关注个人——我们每个人可以怎样获得更有意义的人生。但是寻找意义的人还要与我们的文化做艰苦的斗争。“赚钱-消费”心态可以概括当今的生活氛围，正如作家格雷格·伊斯特布鲁克所写，这种心态使人们偏离真正重要的东西。不论邻里之间还是职场上，社交联系正变得越来越少。现代社会的快节奏几乎让人们没有机会做自我内省。在一个科学知识至上的社会中，超然体验会被质疑为封建迷信。

这些趋势已经使很多人感到不满，渴望获得解放。现在他们开始寻找更深刻的生活方式。全美国的医学专家、商界领袖、教育工作者、牧师和普通民众都在使用意义的支柱，来改变工作和生活的社会制度。他们建立了重视联系的社群，为共同的使命而努力，提供讲述故事的机会，并且留下体验神秘的空间。他们的努力是我们社会向意义转变的一部分。正如伊斯特布鲁克所写：“从物质欲望到意义欲望的转变，正在以史无前例的速度进行（涉及数亿人口），可能最终会成为我们这个年代最重要的文化发展。”

罗纳德·英格尔哈特是密歇根大学的政治学家，他发起了“世界价值观调查”。调查从1981年开始追踪人们的价值观、动机和信仰。在这份研究中，英格尔哈特发现美国等后工业化国家正处于重大的文化转变过程中。他们正从强调经济和人身安全的“唯物主义”价值观过渡到关注自我表达和“意义与使命感”的“后唯物主义”价值观。已故芝加哥大学诺贝尔经济学奖获得者罗伯特·威廉·福格尔也发现了相似的趋势。他写道：“我们正处在‘第四次大觉醒’之中，在这次觉醒中我们对使命、知识和社群等‘精神’需求的兴趣，将超过对金钱和消费品等‘物质’需求的兴趣。”

这本书强调的意义文化，是使用四大支柱增强积极的价值和使命。意义文化的成员认可并尊重每个个体的尊严。这些文化发扬善良、同情和慈爱等美德，而不是恐惧、仇恨和愤怒，致力于激励人们向上，给世界带来积极的贡献，而不是撒播混乱与毁灭的种子。

积极的意义文化能够帮助我们每个人成长，对于青少年来说更是尤为重要。许多青少年都不知道自己的人生道路将通向哪里，因此他们很容易受到各种负面影响的诱惑。拥有自己的信仰并为之努力，能够让他们避免误入歧途。

这就是“未来项目”组织成立的初衷。这一组织由安德鲁·曼吉诺和凯亚·巴拉克里施纳创立，旨在发掘“每个年轻人无限的潜力”。

曼吉诺和巴拉克里施纳组建了一个强大的咨询师团队来推进他们的任务，咨询师包括斯坦福大学的威廉·达蒙，宾夕法尼亚大学的安吉拉·达克沃斯以及斯坦福大学的卡罗尔·德韦克等学者。达蒙、达克沃斯和德韦克分别以他们对使命、毅力和成长心态的突破性研究而闻名，曼吉诺和巴拉克里施纳运用三人的科学成果，帮助年轻人找到使命并努力实现。

2014 年一个寒冷的周六上午，他们辛苦付出的成果得以在时代广场的爱迪生舞厅集中展示。一个魅力超凡的 DJ 在舞厅前面播放着坎耶·维斯特、Jay Z 和艾莉西亚·凯斯的歌曲，闪烁的蓝色激光灯下，近 700 名青少年跳着热舞。这些孩子在椅子上、舞台上、二楼包厢里跟着劲爆的音乐扭动着身体，整个舞厅就像夜店一样热闹。

喧闹的音乐、开心热舞的年轻人、试图维持秩序的成年人——这些看起来都与今天的主题相符。爱迪生舞厅的这些青少年都是从纽黑文、底特律、纽瓦克和费城等城市最破落的社区来参加“梦想大会”的。在这个持续一整天的活动中，700 名青少年将要对裁判组展示他们的梦想，以及他们在过去几个月为之做出的努力和取得的成果。

青少年的大部分时间都是在学校度过的，但是大多数学校只是教他们如何解代数题、写文章，却不会帮他们寻找自己人生的使命。结果很多学生毕业了也不知道他们真正想做什么事，或者因为感到上学毫无意义而早早辍学。曼吉诺和巴拉克里施纳想要改变这种现状，想了解这些处于人生最关键时期的青少年，并帮助他们找到自己的目标，特别是那些易受引诱的孩子。

曼吉诺和巴拉克里施纳认为每一所学校都应该有一位“梦想导师”，一个类似指导顾问的角色。他可以和学生谈心，鼓励学生思考自己如何为这个社会做出更大的贡献，然后帮助学生制订详细的计划，循序渐进以实现目标。毕竟很多人都有梦想，但是大部分人都不会为实现梦想而付出行动。“未来项目”已经为全美很多公立学校设立了梦想导师，这些梦想导师帮助数以千计的学生走上了追求使命的道路。

在“梦想大会”上，我遇到了一个来自纽约的少女，她想要成为一名警察，为她居住的社区带来安全与秩序。梦想导师建议她仔细研究她可以从事的相关执法职位。在仔细考虑后，她决定进入美国联邦调查局，目前她正进一步研究自己要接受哪些学习和训练才可以逐步达成这一目标。我也遇到了一个纽黑文的高三学生，他还是一名单身爸爸。他告诉我说自己女儿的妈妈“并不在身边”。他向我展示手机上女儿的照片，说他的梦想就是建立一个单身父亲互助团体，让他们在适应父亲身份的过程中能够互相帮助。他现在就在纽黑文组织他认识的单身父亲们的聚会，而下一步就是把这个团体扩展到其他城市，建立一个全国性的组织。

曼吉诺和巴拉克里施纳发现，在学生追求使命的过程中，他们生活的其他方面也会因之受益。那些由梦想导师指导的学生，在学习中更活跃，出勤率更高，同时拥有更高的共情能力和领导力。其中八成表示他们“获得了他们不曾想过的东西”，而且几乎所有参加过这个项目的学生，都在毕业后仍然受其正面影响，在大学、职场和创业中更加成功。他们也报告说自己有更强的使命感。在座谈会上，一名高一新生告诉我，追寻目标使他更加自信；另一名学生说，在接受梦想导师的指导后，他明确了成为艺术家的人生目标，为之努力使他远离了街头贩毒的生活；一个想要成为医生的女孩说，追求梦想使她获得了更好的成绩，也因此激励了她弟弟认真学习。

曼吉诺和巴拉克里施纳的努力，是我们正在经历的这场文化转变的一部分。正如一位社会学家所估测，今天社会对使命的兴趣在过去两百年间已经达到了最高值。这种对使命的关注不仅在教育领域生根发芽，在商界也扎下了根。企业越来越重视为社会做贡献，而不再仅仅是追求利润。

“美好人生”（Life is Good）就是这样一家公司。它是1994年由伯特·雅各布斯和约翰·雅各布斯两兄弟创立的服装品牌。据伯特和约翰讲述，这个品牌的故事其实始于他们的童年。他们两兄弟在马萨诸塞州波士顿郊区的尼德海姆镇长大，是家里六个孩子中最小的两个。雅各布斯一家人的生活比一般人要清苦得多。他们的小屋二楼没有暖气，父亲脾气也不好，经常连买生活必需品的钱都拿不出来。他们的母亲琼开玩笑说，她得买孩子们不喜欢吃的东西，这样能吃久一点。

尽管生活很艰苦，但琼依旧保持着坚韧积极的态度。每天晚餐的时候，她总是让孩子们分享当天遇到的好事。当孩子们谈论着在垃圾堆里找到滚石乐队的CD、听到的笑话，或是在学校里学到的好玩的东西时，房间里就变得越来越有活力，大家有说有笑。

琼的乐观激励了所有人，她对孩子们说："我喜欢没钱的感觉，这样就不用费心考虑需要买什么了。"雅各布斯兄弟从母亲的身上学到快乐不仅来自所处的环境，更来自自己的思维方式。这一课最终启发他们创立了"美好人生"品牌。

1989 年，伯特和约翰已经 20 多岁了，他们开始做印制 T 恤并在波士顿街头贩卖。他们也会在东海岸来回奔波，到大学宿舍去一间间地推销他们的 T 恤，每次赚的钱也仅仅够他们下一趟的路费。他们在面包车里睡觉，靠着花生酱三明治充饥，还经常没有条件洗澡。

在旅途中，他们经常聊天。有一次他们讨论到，媒体的报道中每天都充斥着谋杀、强奸、战争和苦难。尽管坏事确实发生了，了解它们也很重要，但是这个世界也有很多好事在发生。他们想起了母亲和她苦中作乐的精神，决定在他们的工作中传递母亲的价值观。他们想要打造一种象征，作为这个自私社会的解毒剂——一个具有乐观心态的超级英雄。

约翰在一件 T 恤上画了一个露齿大笑的人物形象，将它命名为杰克。他们回到波士顿之后开了一个派对，把这件新 T 恤钉在了墙上。他们的朋友很喜欢它，其中一个人还在旁边的墙上写上"这家伙把生活弄明白了"这句话，并画了个箭头指向杰克。这个形象从此成为"美好人生"品牌的主要标志。

雅各布斯兄弟把朋友写的那句话浓缩成了"美好人生"这个词，然后把杰克的形象和这个词印在了 48 件 T 恤上。他们在坎布里奇的路边摆好摊儿，不出一小时就卖光了——这还是头一次。

那是 1994 年，他们全身上下只有 78 美元，然而今天他们的时尚生活品牌已经市值上亿。

随着生意的发展，雅各布斯兄弟宣布品牌的目标，是给其他人的生活带来积极的影响，正如母亲影响他们一样。出人意料的事情发生了。他们开始收到一些来信，很多经历过或者正在经历生活困境的人向他们讲述自己的经历：或罹患癌症，或失去挚爱，或无家可归，抑或经历了自然灾害。他们在信中讲述他们是穿着“美好人生”的衣服扛过化疗或截肢的。还有一个女人是穿着“美好人生”服装扛过了丧夫的悲伤，她的丈夫在“9·11”事件中失去了生命，而他的座右铭正是“美好人生”。人们讲述“美好人生”这个概念是如何感动了他们，如何帮助他们熬过了困境，从而对人生更深怀感激。

伯特和约翰一开始不知道该如何处理这些信件。“我觉得我们最初创造出这个概念的时候，其实并不清楚这个词的深度。”约翰说道。他们当时努力经营着自己的小生意，所以在读过来信后只是把它们收进抽屉。后来在 2000 年，他们决定在工作会议和公司聚会上分享这些信，让公司员工看到他们的努力给别人的生活带来了多么巨大的改变。这些信件让所有员工都知道了他们的努力具有传播乐观心态的崇高使命。“当每天烦琐的差事让我们忘记了工作的意义，”伯特和约翰写道，“这些鼓舞人心的故事就会让我们重新振作并提醒我们，我们是一个宏大群体的一分子。”

自 2010 年开始，美好人生公司的员工们有了获得意义的新渠道。那一年公司设立了一个非营利部门，叫作“美好人生儿童基金”，致力于帮助身陷疾病、暴力、虐待、贫穷等困境的儿童。这一基金的主要项目叫作“游戏组织者”，这是为教师、社工和医护等儿童看护人员提供训练和提升机会而开设的研讨会的创新项目。在这些项目中，他们会学习关于乐观和复原力的研究，以及如何把这些研究用于改善儿童生活。每年美好人生公司都会捐赠 10% 的净利润来帮助那些弱势儿童。自从这个基金成立，已经培训了超过 6 000 名“游戏组织者”，他们每天致力于帮助超过 120 000 个孩童改善生活。

“致力于帮助孩童”这一使命，不仅让各个层次的员工把乐观的力量传递给客户，还帮助面临困境的儿童过上了更好的生活。伯特解释说，公司里的每个人都知道，季度和年度的销售目标不仅关系到公司的盈利和成长，也与帮助弱势孩童息息相关。

“我大部分的时间都用在从卡车上卸货或其他体力活上，”在美好人生公司新罕布什尔州库房工作的伊恩·米歇尔说，“我知道只要干好我的工作，就是在帮助那些孩子。”就职于波士顿总部的平面设计师克雷格·马肯托尼欧也有同样的感觉：“有时候你会被工作压得喘不过气来，但是每个月这些辅导员会在我们的设计会上讲述他们的工作成果，这时你就会意识到自己的工作为传播乐观精神做出了贡献，成为他人希望的寄托。”前台接待艾莉森·沙布林说，即使在处理来电或者欢迎访客的时候，她也知道自己是一项伟大事业的参与者。“我在一家为他人做了这么多善事的公司工作，我感到非常自豪。”她说。

美好人生品牌是创业家亚伦·赫斯特所说的“新目的经济”

的一部分。赫斯特是几十亿美元市值的“主根基金会”创始人，为非营利组织联系营销人员、设计师等职位。他认为，就像农耕经济在 19 世纪被工业经济所取代一样，信息经济今天也正在逐步被目的经济所取代。赫斯特写道，目的经济“让人在生活中追求更多的意义”，“是一种通过为雇员和顾客树立使命而创造价值的经济——通过以下三种方式：满足更高存在的需求，促进个人成长，打造社群”。除了新比利时啤酒公司、容器商店公司和维珍航空等以使命为公司运作支柱的小众市场的公司外，百事、德勤和摩根士丹利等传统公司，也在围绕使命来重新塑造品牌形象。

此种现象可能很让人惊讶，但是这些企业如此行事，其实有他们的正当理由——追求使命也有助于提高企业的净利。全食超市的创始人约翰·麦基和巴布森学院的拉吉·西索迪亚在他们的著作《自觉资本主义》中指出，在员工、顾客和社会中建立意义文化的使命驱动型企业正在增多，且效率都比同行企业更好。一方面的原因是顾客在寻找自己的目标，正如西索迪亚所写：“人们现在不仅是想要购买一件东西，他们更想找寻人生中更高的意义。”另一方面的原因正如雅各布斯兄弟的发现——使命导向的文化可以使企业的运作更高效。

今天全世界约有 70%的上班族要么对他们的工作“无归属感”（他们感到没有参与感、投入感和热情），要么“主动脱离”工作，仅有不到一半的上班族对自己的工作感到满意。但是当人们从工作中获得意义时，他们会更有参与感，更加高效，同时也更可能长期在同一家公司工作。他们认为即使自己的日常工作再怎么枯燥，也是在为这个世界做出改变——研究发现这是非常强大的驱动力。哈佛大学的特蕾莎·阿马比尔所做的研究发现：“在所有能够让人们全身心投入工作的因素中，最重要的就是在有意义的工作中看到进展。”

意义文化对我们的健康同样十分重要，尤其是对飞速增长的 65 岁以上的老年人群体影响最为明显。可悲的是当人们进入晚年时，他们常常发现自己被边缘化了，甚至遭到恶劣的对待。研究表明，老年人遭到虐待和忽视已经成为一个非常严重的问题，特别是在敬老院等长期看护机构。例如，在一项研究中 40% 的敬老院工作人员承认曾对老人实施过叫骂、禁食和“不当的隔离”等虐待。在另一项研究中，大约四成的敬老院老人目睹过或亲身经历过虐待。

我依然深深记得我第一次参观敬老院时的震撼，只觉得那里太糟糕了。地板和墙面上可见一层层的污垢，给老人的餐盘也脏兮兮的，空气中弥漫着一股恶臭。从这种糟糕的环境也能看出老人糟糕的健康状况，他们无助、困惑，生活在不安之中。大多数老人都无人探望，他们的认知和精神健康都在恶化，毕竟他们似乎也没有保持思维敏捷的必要了。

但是这种情况是完全可以改变的。在敬老院健健康康地终老也是可能的，这需要改变我们大多数人习以为常的文化。在 20 世纪 70 年代，艾伦·兰格和朱迪斯·罗丹设计了一项经典的心理学实验，这项实验初步阐明了健康终老需要哪些要素。

在独立度过大半生后，老年人很难融入敬老院的生活，因为人们往往把他们视作无自理能力的人。不出几年甚至仅仅几个月，他们就会丧失对生活的热情。兰格和罗丹想用实验来了解他们是否可以逆转这个趋势。他们选择了一组敬老院的老人，并且给他们每人一株盆栽用来装饰房间。他们告诉其中一半的实验对象，楼层的护理人员会照看盆栽，而让对照组全权负责盆栽的照看。第二组的老人可以挑选自己喜欢的植物，并选择摆放到房间的哪处，以及自己决定何时浇水。照顾这株盆栽就是他们的工作。

一年半后，心理学家回访了两组老人，发现第二组自行照顾盆栽的老人情况比第一组的老人好得多。他们合群、敏锐、开心、活跃而健康。最令研究人员惊讶的是，由这些老人照看的植物普遍活得更久。在这次实验研究中，就是这样一个很小的干预，让这些老人的生活有了翻天覆地的变化。

照看植物有什么魔力呢？当老人需要为他们的植物负责，他们感到对身边的环境更有掌控力。用加缪的话说，植物给了他们一种“要务”——一个使他们脱离单调生活并受其激励的使命。后续的研究进一步证实了这一结论：生活中更有使命感的老年人寿命也更长：他们每天早上都有起床（以及继续活下去）的动力。

越来越多的研究表明，意义可以帮助预防很多疾病。有意义的人生已经与长寿、更强的免疫力、更多的脑灰质①联系在一起。

① 脑灰质是大脑中神经元细胞密集的部位，是信息处理的中心，对外界的各种刺激做出反应。——编者注

特别是使命感，已被证明对健康的很多方面都有帮助，比如降低轻度认知障碍、阿尔茨海默病和中风的发病率。对于有心脏病的人群，拥有使命感可以降低心脏病发作的概率——缺乏使命感的人也是心血管疾病的高发人群。

意义和健康为何有如此强烈的相关性，目前尚不清楚原因，但一些心理学家推测，生活更有意义的人能更好地照顾自己。研究发现他们较少吸烟喝酒，有更好的运动、睡眠和饮食习惯。正如研究者迈克尔·施特格尔所说："对生活的投资，就是对健康的投资。"当今世界医疗成本攀升，人口加速老龄化，人均寿命增加。这些研究成果对政策的制定有着重要启示。根据世界卫生组织报告，全世界 60 岁以上人口在 21 世纪中叶将会翻倍。到了 2050 年，美国超过 65 岁的老人将占人口的五分之一。

不幸的是，研究发现随着人们的衰老，他们的使命感也随之降低。人们在退休后渐渐失去了原先的主要身份（例如母亲、棒球队教练、医生、主管）并且很难用新的身份来代替旧的身份。意义文化能够帮助这些人过上更健康的生活吗？许多创新者都认为可以。比如"安可"网站①（Encore. org）的创始人马克·弗里德曼，他创立这个组织的目的是帮助启发老年人为退休生活找到新的目标，正如"未来计划"帮助年轻人那样。

许多人把退休生活设想为一场长假，可以打高尔夫，悠闲地

① "安可"指演出结束后返场加演的节目，此处喻指老年人在退休后继续为社会创造价值。——编者注

躺在沙滩上，或毫无压力地享受旅行。这种心态当然无可厚非。在求学、工作和生儿育女，忙碌一生后，想要休息一下当然是人之常情，但这种心态扼杀了意义。使命感源于有事可做。法国哲学家布莱斯·帕斯卡尔在《思想录》中写道：“没有什么比无所事事、毫无激情、毫无要务、毫无消遣、毫无进步更加令人无法忍受了。这种状态让人感到虚无、孤独、无力、依赖、脆弱和空虚。他的心底会立即产生疲惫、阴翳、沮丧、焦躁、恼怒和绝望。”当老年人相信他们仍然对社会有作用时，便会保持一种使命感。

弗里德曼想要重新塑造人们对退休生活的认知，从纯粹的休闲转变为用一生积累的技能和经验来造福社会。安可组织为退休人员提供一年期的社会服务职位，以此来实现这种转变。比如退休工程师潘·马尔霍尔由此在阿尔伯克基的“女性选择”组织完成了一年的服务，她用自己的信息技术，建立了一个帮助吸毒和无家可归的女性找到工作和住处的数据库。很多人在完成一年服务后，会继续留在所服务的组织或进入其他非营利组织工作，他们或全职，或兼职，都在用自己的技能继续发光发热。

除了这样的“服务伙伴”项目，安可组织还为那些因此延续了职业生涯的退休者建立了故事库。他们希望通过这些故事帮助改变我们的文化对退休的看法，并启发其他人在晚年找到新的使命。汤姆·亨德肖特的故事被安可组织的官网重点推荐，他当了一辈子警察，退休后为博物馆打造恐龙艺术展。按照弗里德曼的说法，像马尔霍尔和亨德肖特这样的人正在积极参演他们人生的“第二幕”——尽管第二幕可能与第一幕大相径庭，不过一般情况下他们早期的职业与在安可组织找到的职位总有一些联系。

公共政策同样也可以帮助建立意义文化。在2006年，世界卫生组织发起了“全球老年人友好城市”项目，鼓励市政官员设计、建立对积极老龄化有益的社区。纽约是响应号召的城市之一，也为所有努力使老年人的生活更丰富多彩的城市做出了榜样。纽约医学协会主席乔·艾维·鲍弗尔德帮助世界卫生组织确立了老年人友好城市的标准，而纽约市积极推行该标准。2007年，医学会、市长办公室和市议会合作发起了“老年人友好的纽约城”活动。活动的目标是通过把城市建设为对老年人更加包容和人道主义的家园，改善纽约老年人的健康状况和幸福指数。活动策划人，纽约医学会的林赛·高曼说：“从城市的角度看，这也有利于纽约的财政收支。当居民的健康和幸福水平大幅提高，失去自理能力的人将减少，需要社会医疗保险和市政服务的人也会减少。”

项目刚开展的时候，官员们建立了社区论坛以及遍布五大区的重点小组，来倾听纽约市老年人的声音，了解他们对纽约各个方面的好恶程度。有一点几乎出现在每一位老人的回答中。就像大多数人一样，老人也希望拥有高品质的、充实的生活。但当他们老去时，实现这个目标变得越来越难。他们关切的事物都很实际，比如行人安全和廉租房缺乏等。还有些人希望像年轻时一样参与到社区生活中，但担心因为年龄过大而被排斥或被轻慢，甚至有些人已经遭受了这种待遇。“我想要做点令自己引以为豪的事情，”一名纽约市民说，“我不介意自己变老，只想做点贡献。”

在过去10年中，项目领导者一直在进行这些对话，而且他们采取了很多独创性的行动来解决纽约老年人担心的问题。例如，交通局在全市公交车站安装了更多的候车亭，设计了足够的座位和透明隔墙，以使老年人感到舒适安全。他们还在全市安装了更多的长椅以推广步行活动。一些城市游泳馆特别增设了老年人时段，以保护他们免受年轻人的冲撞。这些都是很小，但至关重要的改变。在一个如此巨大而复杂的快节奏城市中，这些改善让老年人的生活轻松了一点，使他们能够更容易地参与到社区生活中，大大增加了他们的归属感。一位在老人特别时间去游泳的老妇人说："人们喜欢交际，被一群年龄相近的人——我应该说我们这帮上岁数的人——围绕着，你就不会在意自己的衰老了。"

这些对老年人友好的创新不仅可以为老年人群体提供支持和便利，同时也给他们提供了利用自己的优势回馈社区的机会，即有使命感的生活。例如"成功导师"项目，是一个连接老年人和处境困难的学龄儿童的创新。在这个项目中，全市有上百位老人为在校学生提供学业上的辅导，结果这些学生学习成绩提高了，纪律问题也相应减少。同时老人也有所收获：研究发现这些老人义务指导社区的孩子时，身体和心理健康都有所改善。

当意义文化重新定义老年人在社会中的角色，虐待与忽视老人现象频发的敬老院便会成为旧时代的遗迹。从创建安可组织的马克·弗里德曼到纽约的官员，越来越多的人意识到老年人可以为社区做出很大的贡献，并且应该支持他们为社区服务的愿望。林赛·高曼说道："一旦你不能做一生中最爱的事情，你将很难拥有人生的意义和使命。"如今纽约市为了改变这种状况，持续为老人扩大机会。

组织打造意义文化时，所依靠的不仅有超然和使命这两大支柱。老年人友好城市组约正在通过强调老人在社区的价值，来增强他们对城市的归属感。在圣马可大教堂和梦想大会，人们因为共同的兴趣走到一起并建立了独特的社群。同样，美好人生的雇员形成了关系紧密的乐观部落——伯特和约翰为品牌的起源和重要性创造了一个精巧动人的故事。接下来再分享一个致力于为我们的社会创造意义文化的组织——“故事团”，一个由记者戴夫·伊赛创建的口述历史组织。在故事团中，起决定性作用的是归属和叙事两大支柱。

在伊赛还年轻的时候他就迷上了讲故事。从纽约大学毕业后，22岁的伊赛本打算就读医学院，但是一次穿过曼哈顿东村的漫步改变了他的人生。他经过一个很有趣的店面，于是走进去并见到了店主夫妻——安杰尔·佩雷斯和卡门·佩雷斯。他们的店里摆满了用来帮助人们戒毒的自助类书籍。伊赛在跟他们谈话时了解到，他们曾经染上毒瘾，卡门还因此患上了艾滋病，因此他们希望在卡门去世前能开一家毒瘾博物馆。伊赛写道：“他们给我展示了博物馆的微观模型，模型是用压舌板和胶合板制成的。他们还为每一层楼绘制了精细的蓝图。”

伊赛被这次对话深深打动，回家后他给当地的电台、电视台打去电话，建议他们报道佩雷斯夫妻的故事。除了一家叫作WBAI的社区电台以外，没有一家媒体对这个故事感兴趣。这家电台当时没有记者，所以新闻主管就让伊赛自己把这个故事写出来。“当我回到他们的店铺开始采访，在按下录音机按键的那一瞬间，我知道这就是我这一生想要做的事情。”

在接下来的20年间，伊赛担任电台制作人和纪录片作者，以此方式讲述“我们国家隐秘角落里的弱者”的故事。他聚焦于被社会习惯性忽视的人群：犯人、瘾君子、流浪汉和穷人——像卡门和安杰尔一样的人们。在采访这些人的过程中，他发现仅仅通过聆听这一简单行为，就能使被聆听者感到有价值和被尊重。这点燃了他们归属感的火苗。伊赛会向每位被访者提出一些固定的问题——比如他们希望给别人留下怎样的回忆，谁对他们最重要，他们有什么自豪的事情等——他看到他们挺直了腰杆，眼睛也放着光。伊赛意识到以前从没有人像这样询问过他们的人生；没有人对聆听他们的故事表现出真正的兴趣。

伊赛曾经做过纽约最后一家廉价旅馆的广播纪录节目，后来这个节目的内容被结集成书，他还送给曾经采访过的流浪汉几本。“其中一个人看着自己的故事，捧着这本书欢呼着穿过廉价旅馆的走廊：‘我在里面！我也在里面！’”伊赛不敢相信他所看到的，“我从未如此清晰地意识到，我们之中有多少人感到被彻底忽视，认为自己的生命无足轻重，害怕在不久的未来将被彻底地遗忘。”伊赛认为倾听是“爱的举动”——一种让人们感到自己和自己的故事十分重要的方式。研究也证实了这个观点：分享故事可以强化讲述者和倾听者之间的关系，并让人们感到自己的人生充满了意义、尊严和价值。

伊赛在2003年创立了故事团，为普通人提供讲述自己故事的机会，也让这些故事有机会被聆听。他创造了名叫“故事亭”的亲密空间，两个人可以一起坐在里面并倾听彼此的故事，让对方感到被尊重。他在纽约中央车站开设了第一个故事亭，虽然这个故事亭在2008年关闭了，但后来他在纽约、亚特兰大、芝加哥和旧金山设立了更多的故事亭，还有很多流动故事亭在全国流动记录着普通人的故事。今天故事亭里的景象与过去几乎一样：两个关心彼此的人在类似金属胶囊的空间里进行一场亲密而不被打扰的40分钟的谈话。其中一个人扮演采访者的角色，而另一个人讲述他或她生活中的一些方面，还有一个引导员负责在亭子中记录下这次谈话。

访谈结束后，参与的两个人都会得到一盘对话的录音带。如果他们允许，还有一份录音带会被送到国会图书馆的美国国家民俗中心存档，让参与者享有一种不朽之感。这些都是免费的：任何人都可以预约录音——而成千上万的人已经录过了。伊赛希望故事团能够通过收集各种各样的故事，将“人性的智慧”永久保存。

但是故事团还有一个更有创见的目标。他们把讲故事当作一种祛除现有文化糟粕的努力（例如物质享乐主义）。研究表明物质享乐主义使人们更加以自我为中心，沉迷于无意义的生活。在2008年，故事团发起了“国家倾听日”创新活动，以鼓励美国人在黑色星期五（感恩节隔天的疯狂购物日）记录与家庭成员、朋友和爱人的故事。这个反对消费文化的行动在2015年以“感恩节大倾听”的名字再次出现。故事团还与全国的学校合作，请学生用他们的手机应用程序记录一位老年亲人的故事——他们让原本孤立大家的科技，变成促进关系的科技。“我们想要抓着人们的肩膀把他们摇醒，提醒他们什么才是最重要的事。”伊赛说道。

2015 年 10 月，我前往故事团芝加哥的分部，采访人们分享自己故事的经历。在我等待两人从故事亭里出来的时候，一个叫伊薇特的故事引导员找到我说，有个女人预约了故事亭，需要一个同伴采访她。这个女人有个朋友本来要跟她一起来，但临时无法到场，问我是否愿意进故事亭扮演采访者的角色。

女人的名字是玛丽·安娜·艾尔西，一位来自南卡罗来纳的 51 岁老师，来芝加哥过周末。进入故事亭前，我和玛丽·安娜握了握手，然后简单聊了几分钟。进入故事亭后，我们分坐在一张小桌子的两边，伊薇特把麦克风放在我们面前，然后关上了门。故事亭是一个安静的小木屋，隔绝了外界的喧嚣，里面灯光昏暗，也没什么装饰。我们关闭了手机，在这个神圣的空间内，我们唯一需要关注的就是对方。伊薇特调试好录音设备，然后用手势示意我们可以开始谈话了。

进故事亭之前，玛丽·安娜告诉我，她出生后不久便被人收养了。在故事亭里，我请她讲一讲被收养的经历。“在 20 世纪 50 年代末 60 年代初的时候，”她说话带有南方口音，“我的（养）父母发现他们不能生育。医生告诉他们因此而离婚是合理、合法的。但是他们不愿意，希望能收养一个孩子。”他们先是收养了玛丽·安娜的哥哥和姐姐，然后在 1964 年把出生仅 18 天的玛丽·安娜也抱进了家门。

玛丽·安娜说可以从两种角度来看待收养：你可以感恩养父母接纳你，也可以气愤亲生父母抛弃你，而玛丽·安娜是前者。“我从未对当年的收养提出过任何疑问，因为我非常爱我的父母。”她说。但是随着玛丽·安娜渐渐长大，她有一种寻找并了解亲生父母的冲动。尽管记忆中的童年充满了温馨，但她仍然记得自己有些孤独，还会自我封闭；尽管在学校有很多朋友，但她仍然感到与他人疏离；她还曾与抑郁症做斗争。她认为找到自己的亲生父母也许有助于她更好地了解自己，以及自己的情绪波动。

玛丽·安娜生下第二个孩子后，写信给州政府询问关于自己亲生父母的信息。7 天后她知道了自己生母的名字：艾菲。她知道了艾菲曾作为学生代表在高中毕业典礼上致辞，知道了艾菲曾经是个护士，在 1963 年怀上自己时还未结婚。她还知道了她们两个曾经参加过同一场婚礼和葬礼，但未曾认出彼此。

玛丽·安娜了解到艾菲现在住在查尔斯顿，于是告诉了自己的丈夫。丈夫建议她先询问一下自己在查尔斯顿做儿童心理治疗师的叔叔唐纳德是否认识艾菲。“他打电话给唐纳德，他说：‘唐纳德叔叔，你是否听说过一个叫艾菲的护士？’唐纳德说：‘当然听过，她就站在我身边呢，你想跟她说话吗？’我丈夫说道：‘叔叔，那是玛丽·安娜的妈妈。’唐纳德叫道：‘艾菲？’然后艾菲转过头看着他。”

玛丽·安娜几周后在查尔斯顿和艾菲见了面，她们兴奋地共进午餐。玛丽·安娜宽慰艾菲，说她过得很好，艾菲给玛丽·安娜讲起了自己的两个儿子。她也向玛丽·安娜解释说：当时把她送给别人寄养，是想让玛丽·安娜过上更好的生活。那次分别之后，她们母女再未相见。

这次会面帮助玛丽·安娜以新的视角看待自己，以及自己与女儿之间的关系。玛丽·安娜说："我能想象艾菲的心情，身怀六甲却知道自己不能留下这个孩子，最后不得不送走。我的性格和气质又有多少是受到当时她怀我时的经历的影响呢？"她生命中最初的17天由收养所中毫无联系与感情联结的护理人员照料，她不知道是不是这段经历导致了自己的孤独和抑郁。艾菲说当年把女儿送走是个艰难的决定，她用尽勇气才下了决心，为了让女儿过上好生活。玛丽·安娜反复思考这个决定的"艰难"和"用尽勇气"，她意识到自己绝对不会做同样的选择。

故事亭中的玛丽·安娜充满了母性。她和丈夫即将成为空巢老人。他们的一个女儿在药学院读书，另一个选择了法学院，最小的女儿也即将从高中毕业。对于一个主要身份是母亲的女性（她不认识自己的亲生母亲），放手让子女离开是一个非常痛苦的过程。

"成为一个母亲对你来说意味着什么？"我问道。

玛丽·安娜紧紧抿着嘴唇，用力抑制住眼泪。"埃米利，你这样问，我会哭的！"她笑着说。

玛丽·安娜接着解释说，作为一个母亲，她的主要目标是帮助自己的孩子成长起来，直到他们能够独自面对这个世界。她生活中最大的成就就是完成了这个目标：她与丈夫一起养育了三个坚强而独立的女儿，她们现在不需要她了。“这也是目前要面对的最困难的事情，”玛丽·安娜说到这里哭了起来，艰难地哽咽着说出后面的话，“她们不再需要我了。我的人生还有什么意义和目标呢？现在我已经完成了自己最重要和最具挑战性的工作了。”

采访结束后我和玛丽·安娜走出了故事亭，继续我们的谈话。我问她在故事亭里讲述自己的故事是什么感觉。她说感觉身心都顺畅了：“这让我感到被人关注和理解，有人渴望倾听我的想法。”她说自己在故事亭里讲述的事情，是绝不会在与朋友或爱人闲聊时出现的。故事亭有种魔力，能让她打开心扉，帮助她构建意义。

对于玛丽·安娜来说，在故事亭中的 40 分钟使她更深入地理解了自己过去的经历和现在的关系。“我感到孤独的部分原因，是我从不与他人分享自己的想法和感情，而是把它们都锁在自己的心中。这次讲述使我更加重视与别人的交流——不仅为了我自己，也为了别人。我们在讲述自己的故事时，一方面会更加了解自己，另一方面也会给那些正在经历相似问题的人提供帮助和支持。”

我们也留下了录音带。玛丽·安娜来参加故事团，是为了给子孙后代留下自己故事的记录。“和这个世界比起来，我们是那么渺小，也许几代之后就没有人记得你是谁了，所以这是一种留下点什么的方法。”

结　语

正如玛丽·安娜所说，死亡是我们追寻人生意义的道路上最大的阻碍。如果我们的生命终将结束，有关我们的记忆终将消失，那我们现在的行为有何意义？也正是这个问题让威尔·杜兰特写信给他的朋友们：人们不再坚信永生或来世，所以哲学家想要寻找“一种无法被死亡归零的意义”。

这种意义真的存在吗？

纽约州斯隆-凯特琳癌症中心的精神病学和行为科学系主任威廉·布莱特巴特，主要研究癌症末期病人的临终看护，毕生致力于化解死亡对意义的威胁。他开创性的研究表明：尽管在死亡阴影的笼罩下，人们会认为人生毫无意义，但同时死亡也是让人们最终找到人生意义的催化剂。事实上，以恰当的心态思考死亡，我们不仅可以拥有更加有意义的人生，还能够平和地拥抱死亡的最终降临。

布莱特巴特相信意义和死亡是一体两面的关系——是人类生存境遇的两个基础问题。人类在有限的生命中应该怎样生活？我们又该如何有尊严地面对死亡？什么能使我们忘记人终将死亡的现实？在布莱特巴特每天看护临终病人时，这些问题一直萦绕在他的心头。

出生于1951年的布莱特巴特在曼哈顿下东区长大。他的父母是波兰裔犹太人，“二战”期间他们在森林中躲避纳粹的追捕，差点儿就被送进了集中营，他的父亲还参加了地下抵抗运动。战争结束后，父母在难民营里相识并结婚，然后带着对战争的记忆来到美国。布莱特巴特的童年便被这种悲惨的过去所笼罩。母亲每天早饭的时候都会问他：“我为什么在这里？”她在思考，为什么那么多人都死了，而她还活着。

“我背负着为父母的生存辩护的使命感长大，我想要为这个世界带来改变，以证明我生命的价值。我在斯隆-凯特琳癌症中心照顾这些穿着病号服、随时面临死亡的病人，并非偶然。”

因为想要“处在生死边缘”，布莱特巴特在1984年来到斯隆-凯特琳癌症中心。那时正是艾滋病疫情的高峰，很多与布莱特巴特同龄的年轻人都染病而亡：“他们一直在请求我帮他们安乐死。”他当时也在帮助癌症末期的病人：“我走在病房里，他们会说：‘我只有三个月的时间了，如果这就是我的全部，那我活下去还有什么价值呢？’这就是他们典型的想法，他们请求我，‘如果你想帮我，那就杀了我吧’。”

“每个人都说积极的人生态度是多么重要，”患直肠癌的前

IBM 女高管说道，“但我不是兰斯·阿姆斯特朗，我只想安睡在坟墓中。”布莱特巴特的病人们认为，如果死亡意味着彻底的消失，那么生命到底还有什么意义？如果生命没有意义，那忍受癌症的痛苦苟活也就毫无意义了。

到了 20 世纪 90 年代，医生协助自杀的话题在布莱特巴特的圈子内外火了起来。杰克·科沃尔基安医师被称为“死亡医师”，因为他在 1990 年帮助他的第一位病人结束了生命，又声称在随后的八年间对 130 名病人实施了安乐死。在美国社会对安乐死的伦理问题展开激烈辩论的时候，其他国家已经开始采取安乐死常态化的措施了。澳大利亚北领地在 1996 年宣布安乐死合法化，随后又废止了该法律。荷兰在 2000 年成为第一个宣布安乐死合法化的国家。而在 2006 年，美国也向安乐死合法化迈出了一大步：最高法院在冈萨雷斯诉俄勒冈案中裁定，各州有权各自制订关于安乐死的法律。时至今日，安乐死在加利福尼亚州、佛蒙特州、蒙大拿州、华盛顿州和俄勒冈州都已合法。在 2014 年，《医学伦理学期刊》发布的一份报告指出，“自杀旅行”的人数在 2009 年到 2012 年间翻了一倍。他们会去安乐死合法的国家旅行，比如瑞士的苏黎世，而旅行的目的就是结束自己的生命。

随着听到的安乐死的故事越来越多，布莱特巴特开始思考，到底是什么使身患绝症的病人主动放弃自己的生命？那时他正在针对生命末期的痛苦和疲惫做一系列的研究，所以他在研究中加入向测试者询问“是否想要更快死亡”的系列问题，而研究的结果令人惊讶。布莱特巴特和同事们最初的猜想，是病人因为不堪忍受疾病带来的疼痛，才会选择结束他们的生命，但是他们发现那些病人同时感到无意义、抑郁和绝望，生活于“存在的真空”中。当布莱特巴特询问病人为何想要安乐死时，许多人都说因为他们已经失去了活着的意义。

布莱特巴特知道他可以用很多药物和心理疗法治愈抑郁症，但他没办法治疗意义感的缺失。然而在1995年他受邀参加“美国临终项目”，这个项目旨在提升死亡过程的体验。这次经历为他提供了一个突破口。布莱特巴特和项目中的哲学家、僧侣和其他医师等人就“死亡”和“生命的意义”进行了大量讨论，“尼采、克尔凯郭尔和叔本华等人的论点在讨论中被不断提及”。

布莱特巴特解释道：“我突然发现了意义的重要性。对意义的追寻、创造意义的需求、体验意义的能力，是人们行为的基本驱动力，而医学院从不教授这些！”布莱特巴特相信如果他能够帮助病人构筑意义，就能降低他们自杀的风险和患抑郁症的概率，同时增大他们对未来的希望，提高生活品质。简而言之，他相信自己能让这些病人感到临终的生活值得一过。

他开发出了一个八期的团体治疗项目，组织6~8名癌症病人一起参加互助研讨会。每一期都通过某种方式帮助病人构筑一种关于意义的思维模式。在第一期中他们被要求回忆“感到人生特别有意义的一两次经历或时刻——不论精彩或平淡”。

第二期是关于身份认同的“BC”和“AD”①：“BC”指他们

① 同“公元前”与“公元”缩写。——编者注

在癌症确诊前的身份，而“AD”指的是确诊后。他鼓励病人回答“我是谁”这个问题，以挖掘赋予他们最多意义的身份。一位女性回答说：“我是一个女儿、一位母亲，是祖母、姐妹、朋友和邻居……我是个很注重自己隐私的人，所以不经常与人分享自己的需求和想法。我也在努力接受别人的爱和馈赠。”她还回忆了疾病是怎样改变了自己：“我不喜欢被人照顾，但是事实上……我不得不开始……更加接受人们想要为我做些什么的事实，这也许是疾病对我的改变之一。”

在第三期和第四期治疗中，病人会分享他们的人生故事。研究者会问：“请你回顾自己的人生和成长过程，思考是哪些最为关键的记忆、关系、传统，或者其他事情塑造了今天的你。”病人们也会讨论各自的成就和骄傲，以及未竟的遗憾。他们会思考想要教给别人的人生经验。作为作业，他们还被要求与一个挚爱的人分享他们的故事。

第五期是最困难的疗程之一，因为他们在这一期中要直面人生的局限——最大的局限便是死亡。病人们会讨论他们所认为的“善终”：他们想在家中还是医院离世，他们的葬礼要如何举办，他们是否希望家人常聚在一起，以及他们希望爱他们的人如何回忆起自己。

在接下来的两期治疗中，病人会详细思索“有创意”和“经历过”的意义的来源——这些能帮助他们表达最重要的价值观，以及“与生活共鸣”的人物、地点、事情和观点。他们讨论自己的责任和未竟的事业，以及妨碍他们完成这些目标的因素。他们也被要求思考爱、美和幽默在他们生活中所扮演的角色。许多人在这两期中提到了自己的家人，而其他人会讨论工作或爱好（例如园艺）。那位前 IBM 高管谈到，她还是个年轻姑娘时，在巴黎卢浮宫见到了胜利女神的雕像。

在最后一期中，病人们思考他们对未来的希望和死后能够流传于世的遗产。他们会给小组展示一个“遗产计划”，主要是他们的事迹以及希望自己被如何铭记。一位病人带来了一个木刻，雕刻的图案是一颗心镶嵌在凯尔特三位一体结①中。“这是我要教给子女的东西，世上有永恒的爱，哪怕我已离去，我的爱也将永远陪伴在他们身边。”

布莱特巴特请几百位病人对这个意义心态治疗项目做了三组随机控制实验，结果表明治疗是有效的。到第八期治疗结束时，病人对人生和死亡的态度得到了改变，面对死亡的到来不再那么绝望和焦虑，也不想提前死去。病人的精神健康状况和生活品质都得到了改善，当然他们也发现人生变得更有意义了。这些效果不仅没有随时间消退，反而得到了增强。布莱特巴特在两个月后回访了其中一组病人，他发现病人的意义感和精神健康状况都进一步改善，焦虑和绝望的感觉减轻，寻死的念头也消失了。布莱特巴特认为，在病人确诊和死亡间存在“反常成长”的机会。比如那位前 IBM 主管最初确诊的时候被击溃了，但在参加了治疗项

---

① 凯尔特三位一体结（Triquetra）是凯尔特结中代表三位一体的图案，用曲线连成三角形的螺旋。——编者注

目之后，她意识到：“我不必如此努力地寻觅人生的意义，因为意义随处可见。”

布莱特巴特的观点获得了广泛认同。意大利、加拿大、德国和丹麦等地的医生使用这种治疗方法给绝望的病人带来意义。“医学界产生了爆炸性的反应，”布莱特巴特说道，“他们以前可能不会注意到，但是突然间每个人都开始寻找意义。”

布莱特巴特为绝症病人开发了意义疗法，而这项研究同样也能帮助普通人过上更美好的生活。不论我们距离死亡有多么遥远，对死亡的思考都会迫使我们审视自己的人生，思考我们该做出什么样的改变来使人生更有意义。心理学家称之为“临终测试”：想象你已经来到生命的尽头，也许因为一场事故或者身患绝症而突然时日无多，也许长寿而康健，最终来到了耄耋之年，奄奄一息地躺在床上，总之你意识到自己大限将至，回忆自己的生命轨迹，有成就也有遗憾。你满意你所回顾的人生吗？你是否度过了充实而美好的一生？你庆幸拥有这样的生活吗？如果能重新再来，你会做出哪些改变？

许多真正濒临死亡的人害怕自己的一生不够有意义。临终关怀师布朗尼·维尔发现，病人临终时的遗憾主要可归结为几种基本类型：没有实现他们真正的抱负和目标；因为太过注重事业而忽视了家庭；没有跟朋友保持足够密切的联系。他们希望自己能花更多的时间来构筑意义的支柱。

布莱特巴特还思考了很多死亡带给另外一群人的挑战——大屠杀的遇难者和幸存者。在参加了“美国临终项目”后，他读了大屠杀幸存者维克多·弗兰科尔描写集中营经历的《活出生命的意义》。如同对其他无数人的影响，这本书给布莱特巴特留下了深刻的印象，使其在读后开发出了意义导向疗法。他让每一个参加意义导向治疗的病人阅读《活出生命的意义》。尽管境遇并不相同，但他希望阅读别人在苦难中的挣扎，能够让他的病人得到启发和慰藉。

1942 年 9 月，维也纳的犹太心理和神经学医师弗兰科尔被逮捕，他和妻子及父母都被关押进一个纳粹集中营里。当三年后被人解救出来时，他的家人都已遇难，只有囚犯编号 119104 的弗兰科尔活了下来。在《活出生命的意义》中，弗兰科尔描述了面对苦难时，找到意义是多么重要。被囚禁在集中营的人失去了所有——家庭、自由、地位和财富，许多人觉得生无可恋，没有希望，但是有些人仍然坚信他们的人生有意义。弗兰科尔发现怀有意义感的人哪怕在最艰苦的环境中，也能在苦难中坚持；而那些失去了人生意义感的往往一蹶不振。他认为那些有理由活下去的人，在面对饥饿、疾病、劳累和集中营里的苦难时，甚至更加“易于生存”。

弗兰科尔是集中营里的心理咨询师。他在自己的书中讲述了他两个狱友的故事。就像集中营里千千万万的被关押的人一样，俩人也认为他们没有什么活下去的动力了。“这两个病例的关键问题，是如何使他们意识到生活还有指望，未来还有事情等待他们完成。”其中一个人的儿子还活着；而另一个人是科学家，他还想完成自己的一系列著作。弗兰科尔观察了越来越多的狱友，并在他们身上发现了一个规律。用尼采的话来说，那些知道自己“为何”而活的人，往往懂得“如何”活下去。

弗兰科尔也惊讶地发现，集中营里的一些人，哪怕在毫无人道的环境中，也能通过选择主动面对苦难，来保持自己的尊严。“我们这些进过集中营的人，还记得那些在棚屋中安慰他人，把自己的最后一口面包分享出去的人。这样的人可能寥寥无几，但他们的存在切实证明了唯有一物无法被剥夺：人类最终的自由——在任何境遇下选择自己态度和道路的自由。”

弗兰科尔被捕之前是维也纳最出色的心理医师之一，他从小就对心理学和意义有着强烈的兴趣。13 岁那年，他的一位科学老师在课堂上说：“人生不过是一个氧化的过程。”但是弗兰科尔完全无法接受这个理论，他从座位上跳起来大声问道：“先生，如果真是这样，那么人生的意义是什么？”几年之后他开始与弗洛伊德通信，并给弗洛伊德寄去他写的一篇论文。弗洛伊德很欣赏弗兰科尔的天赋，把他的论文寄给了《国际精神分析期刊》发表。（他在给年轻的弗兰科尔的信中说：“希望你不会反对我这样做。”）

从医学院毕业后，弗兰科尔越发出色。他不仅为青少年建立了自杀预防中心（甚至可以看作他在集中营工作的预演），还发展出对心理学领域的标志性贡献：存在主义分析治疗，又称“意义疗法”。弗兰科尔相信人们“渴望意义”，并且这一渴望是“生活的主要驱动力”。意义疗法的主要目标就是通过帮助病人找到生活的意义，来治疗他们的疾病和苦难。到 1941 年，弗兰科尔的理论已经受到国际的关注，他也成了维也纳罗斯柴尔德医院的神经科主任。在罗斯柴尔德医院任职期间，他冒着生命危险和职业前途的风险，通过伪造精神病诊断来帮助人们逃脱纳粹的魔爪。

在同一年，弗兰科尔面临着影响一生的决定。一边是纳粹的逼迫，一边是更好的职业前途。他获得了美国的签证，而此时纳粹已经开始把犹太人关进集中营，老年人是纳粹首先盯上的目标。弗兰科尔知道纳粹抓走他的父母只是时间问题，他也知道如果他们被关进集中营的话，他有义务帮助他们，陪伴在他们身旁。然而他也非常想去美国，在那里他可以获得人身安全的保证，也能够追求更好的职业发展。

弗兰科尔不知道该如何选择，所以他前往圣斯蒂芬大教堂理清思路。伴着管风琴的演奏，他一遍遍地问自己："我应该撇下父母不顾吗？……我应该向他们辞别，然后让命运来决定他们的未来吗？"他的责任究竟是什么？他希望获得"神的指引"。

他回到家的时候，餐桌上放着一块石头，那就是他寻找的指引。他父亲说那是纳粹摧毁的犹太教堂的残骸。那块大理石残片上刻着《十诫》中关于使父母尊荣的片段。看到这块石头，弗兰科尔决定留在维也纳，放弃美国提供的人身安全和职业发展机会。他放弃了安逸的生活来照顾他的家庭，后来他还负担起照顾集中营内其他犯人的责任。

弗兰科尔在集中营的三年，可谓日复一日的重复。他和狱友们要在日出前起床，然后排好队去几英里外一个阴暗的工作点工作。他们衣不蔽体，行进的过程中冬天的寒风如刀片切入皮肉。

他们饥饿而疲惫，身子虚弱的人只能攀着旁边的人蹒跚而行。周围一片漆黑，他们必须小心不被脚下的石头绊倒，否则会被纳粹用枪尖狠戳，如果他们乱了队形，就要受到看守好一顿拳打脚踢。到了工作点后，他们还要在荷枪实弹、手持皮鞭的纳粹看守的监视下，在冻得坚硬的土地上挖沟。

终于有一天，弗兰科尔在这种艰苦的劳作中看到了一丝光亮。当时他行进在去往工作地点的路上，旁边的狱友小声对他说："如果我们的妻子看到我们现在这个样子要怎么想啊！我希望她们的集中营要比我们的好一些，千万不要知道我们经历了什么。"这句话让弗兰科尔想起了他在另一座集中营的妻子蒂莉。他不知道她到底在哪里，甚至不知道她是否还活着，但是那天早上他脑子里一直想着她。这让他看到了一丝希望。弗兰科尔后来回忆道："我听到她回应了我，我看到了她的微笑，还有她令人鼓舞的神采。不论是否真实，那天早上她的容颜比初升的太阳还要灿烂。"

在冰冷残酷的行进中，弗兰科尔突然顿悟了。那时候的他，除了对妻子的温馨回忆以外一无所有，他突然意识到自己懂得了人生的意义。"我生命中第一次看到了真理，那无数诗人吟唱过的、无数哲人宣扬过的真理。"弗兰科尔说，那个真理就是爱。"爱是一个人所能追求的最终极、最崇高的目标。我抓住了人类诗歌、哲思和信仰揭示的最大奥秘：人类的救赎就是爱，而且只能经由爱。"

当他在脑海中反复思考着这个答案的时候，一场丑恶的暴行在他眼前发生了。一个狱友绊倒了，他后面的人也像多米诺骨牌一样跟着倒了一片，一个纳粹看守跑过来鞭打他们。然而眼前这残酷的一幕，还有那些他已经在集中营里经历过，或者将要经历的惨状，都不能动摇他此刻的信念：人生的意义在爱之中。

> 我明白了，一个人哪怕一无所有，只要在一瞬间想起他挚爱的人，就可以那么快乐。当一个人处在极度绝望中，当他唯一可能的成就不过是有尊严地忍受苦难时，只要想起记忆中的挚爱片刻，他就能获得极大的满足。我生命中第一次能够理解这句话的含义："天使迷失在对无限光荣的永恒回忆中。"

爱当然是人生意义的中心。爱贯穿在意义的每一个支柱中，反复出现在我写的每一个故事里。请想一想复古俱乐部成员为他们生病的伙伴组织募款的故事，或者埃梅卡·纳卡从事故中恢复后服务他人的故事，或者杰夫·阿什比致力于帮助人们体验总观效应的故事，或是希文决心让脆弱的儿童过上比自己幸福的生活的故事。

爱的行动恰恰就始于意义：它始于超越自身，致力于找到并奉献于更崇高的事物。弗兰科尔写道："作为一个人，总是与自身之外的人或物相互联系，比如需要履行的意义，或者注定遇到的人。人越是忘我，去服务或者去爱别人，就越会迸发出人性的光辉。"

这就是意义的力量。这并非什么伟大的行动，只是停下匆忙的脚步对报摊老板打声招呼，或者关心一下心情低落的同事；只是帮助别人健身，或者做一个称职的家长或老师；只是怀着敬畏的心情仰望星空，或者与朋友一起低头祝祷；只是为老兵开一家可以聚会的咖啡厅，或者用心倾听爱人的故事，或者悉心照料一盆花……这可能只是微小的善举，但是当它们聚集在一起，就能点亮我们的世界。